Amardeep Potdar

Centrais Eléctricas Solares e de Biomassa

Amardeep Potdar

Centrais Eléctricas Solares e de Biomassa

ScienciaScripts

Imprint
Any brand names and product names mentioned in this book are subject to trademark, brand or patent protection and are trademarks or registered trademarks of their respective holders. The use of brand names, product names, common names, trade names, product descriptions etc. even without a particular marking in this work is in no way to be construed to mean that such names may be regarded as unrestricted in respect of trademark and brand protection legislation and could thus be used by anyone.

Cover image: www.ingimage.com

This book is a translation from the original published under ISBN 978-613-9-94537-5.

Publisher:
Sciencia Scripts
is a trademark of
Dodo Books Indian Ocean Ltd. and OmniScriptum S.R.L publishing group

120 High Road, East Finchley, London, N2 9ED, United Kingdom
Str. Armeneasca 28/1, office 1, Chisinau MD-2012, Republic of Moldova, Europe
Printed at: see last page
ISBN: 978-620-5-71472-0

TABELA DE CONTEÚDOS

CAPÍTULO 1
NOÇÕES BÁSICAS DE CENTRAL DE ENERGIA SOLAR

1.1 Noções básicas de Radiação Solar

- A radiação solar é a energia radiante transmitida pelo Sol como ondas electromagnéticas.

- A Terra é o principal planeta do sistema solar, que obtém uma medida ideal da radiação solar que torna a vida controlável sobre ela.

- A radiação solar com comprimento de onda inferior a 0,286nm (chamada brilhante) é consumida pela camada de ozono na estratosfera. A radiação brilhante não consumida pelo ambiente é responsável pela diferença de sombreamento nas cores da pele.

- As radiações solares, que atravessam mais o ambiente, são apresentadas para a disseminação, reflexão e ingestão através de átomos de ar, nuvens e névoas, de modo a que apenas 50% atinjam a superfície da terra.

- O orçamento da radiação fala da harmonia entre a energia que se aproxima do Sol e a energia activa quente (onda longa) e reflectida (onda curta) da Terra.

- A nível internacional, o orçamento é ajustado. Em geral, a temperatura subiria continuamente. A nível local, o orçamento não é ajustado. Os territórios tropicais recebem mais do que descarregam, enquanto os âmbitos mais elevados do lado do inverno do equador descarregam mais do que recebem.

- A luz solar transmite 1367 Watts de intensidade para cada metro quadrado. Isto é conhecido como solar estável. Caracterizamos a consistência solar como a medida da radiação solar obtida fora do ambiente do mundo numa zona unitária oposta aos feixes do sol, na separação média da terra do sol.

- A Terra recebe 1,8 x 1017 W de radiação solar que se aproxima persistentemente, na melhor das hipóteses da sua atmosfera. O limite total de introdução solar da Índia até Maio de 2018 é de 21GW

1.2   O Sol - Principais características

- Produção de energia radiante = 3,94 x 10^{26} W

- Raio do Sol = 6,960 x 108 m

- Distância média sol-terra = 149,6 x 106 km

- Raio da Terra = 6,378 x 106 m

- Energia interceptada pela Terra = 1,8 x 1017 W

- Constante solar = 1367 W/m^2

- 1MJ = 0,277778kWh

- 1kWh = 3,6MJ

- Terminologia da Radiação

- Irradiância (W/m^2): Quantidade de episódio de energia radiante numa superfície para cada unidade de zona por unidade de tempo.

- Coordenar a irradiação solar: A irradiação solar numa superfície oposta aos feixes solares e difunde a radiação do céu impedida.

- Irradiação solar a nível mundial: Irradiação solar numa superfície uniforme devido tanto aos raios solares directos como à radiação difusa do céu.

- Irradiação solar difusa: A irradiância solar numa superfície uniforme por causa da radiação do céu tal como era.

- Irradiação solar reflectida: A saída radiante para cima na onda curta estende-se.

- Radiação líquida ligada à terra: Saída radiante ascendente irradiância descendente curta em onda longa que atravessa uma superfície plana próxima da superfície terrestre

- Irradiação líquida agregada: Irradiação ascendente menos irradiância ascendente em toda a gama.

- Global Tilted Irradiation (GTI): Energia solar total obtida numa unidade de superfície inclinada que inclui aditivos de feixe directo e difuso. O elevado valor da GTI anual a longo prazo é o parâmetro de recurso mais importante para os desenvolvedores de projectos.

1.3 Utilização da Energia Solar

A energia solar pode ser utilizada de diferentes formas para a produção de electricidade. Os raios solares têm tanto calor como energia luminosa, mas estamos interessados em energia eléctrica. Estas luzes têm uma grande quantidade de energia de enegia. Da mesma forma, cada raio emitido pelo sol tem muita quantidade de energia térmica. Esta enegia de luz e calor pode ser transformada em electricidade através de algum arranjo ou dispositivo que são concebidos em dois tipos, como se segue

a. Sistema de Concentração de Energia Solar (CSP)

b. Sistema Solar Fotovoltaico (PV)

1.4 Importância da Energia Solar

Existem muitos tipos diferentes de fontes de energia para gerar electricidade, mas a produção de electricidade por energia solar é a necessidade. é preciso tomarTantas medidas são consideradas enquanto a selecção da fonte de energia renovável (FER) como custos de poluição, eficiência, localização, etc., são consideradas. Aqui temos de ter em conta a importância da energia solar para as fontes de energia electricityrenewable e preservá-la como carvão, petróleo e outros combustíveis fósseis que não resultem em danos para o ambiente que sejam amigos do ambiente.

CAPÍTULO 2
SISTEMA DE CONCENTRAÇÃO DE ENERGIA SOLAR (CSP)

2.1 Introdução

- Os avanços da energia solar concentrada (CSP) utilizam espelhos para concentrar (focalizar) a energia luminosa do sol e convertê-la em calor para fazer vapor para accionar uma turbina que cria energia eléctrica.

- A inovação CSP utiliza a luz solar focalizada. As centrais de CSP produzem energia eléctrica utilizando espelhos para concentrar (focalizar) a energia do sol e convertê-la em calor a altas temperaturas. Esse calor é depois trocado para a água para a era do vapor. As centrais compreendem duas secções: uma que recolhe a energia solar e transforma-a em calor, e outra que acredita na energia térmica em electricidade.

Tipos de Energia Solar Concentrada (CSP)

i. Canal parabólico

ii. Torre de energia

iii. Prato Parabólico

iv. Reflector Linear Fresnel

2.2 Sistema de canais parabólicos

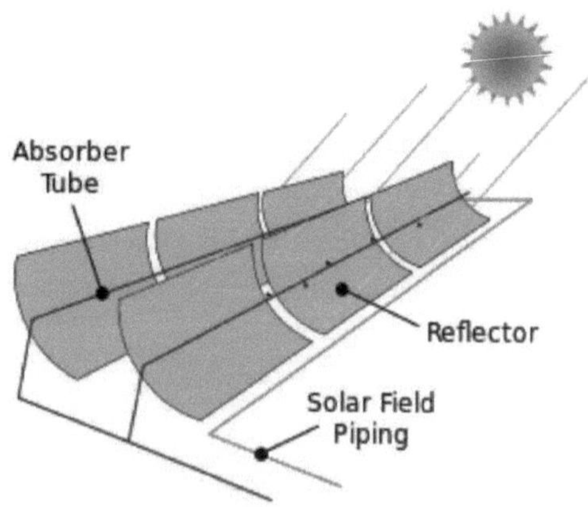

Fig.1: Diagrama esquemático do sistema de canais parabólicos

- Os sistemas Parabólicos Trough utilizam reflectores extensos, em U (parabólicos) (espelhos de focalização) que têm canais cheios de óleo ao longo do seu meio, ou ponto de convergência, como aparece na figura abaixo.

- Os reflectores parabólicos ou PTR trabalham dobrando uma folha de material reflector ou altamente polido numa parábola.

- Uma vez que as ondas de luz solar viajam paralelamente umas às outras, este tipo de colector solar pode apontar directamente para o sol e ainda alcançar uma saída focal total de todas as partes do reflector de forma parabólica do sol, como mostrado.

- O espelho parabólico solar como energia térmica reflecte um longo, geralmente revestido de prata ou de alumínio polido, ou um espelho é utilizado numa forma linearmente esticada para criar um canal parabólico.

- Um tubo de calor preto metálico é utilizado no tubo de vidro selado e também pode ser evacuado para reduzir a perda de calor.

- O tubo de calor contém um fluido de transferência de calor que é bombeado em torno de um laço dentro do tubo e absorve o calor à medida que passa.

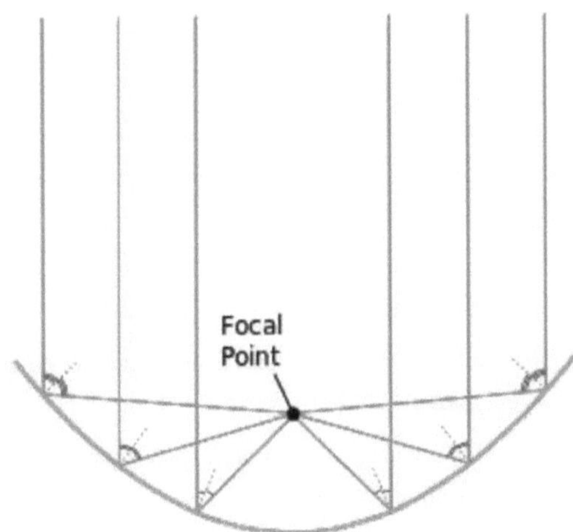

Fig.2: Diagrama de trabalho do sistema de canal parabólico

- Os reflectores parabólicos podem produzir temperaturas mais elevadas de forma mais eficiente do que um único colector de placas porque a superfície de absorção é muito menor.

- É normalmente bombeado através de uma mistura de água e outros aditivos ou óleo quente no tubo e absorve o calor solar para atingir um fluido de transferência de calor acima dos 200 graus celsius.

- A água quente é enviada para o permutador de calor onde é aquecida. O reservatório de água quente é utilizado directamente em casa, tornando este tipo de aplicação de aquecimento solar num sistema activo de circuito fechado.

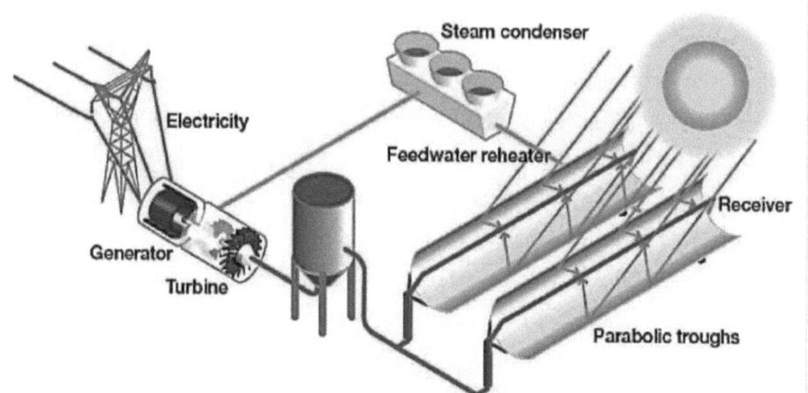

Fig.3: Central de energia solar parabólica

•　　Contudo, o reflector parabólico utiliza apenas radiação solar directa para aquecer o tubo receptor porque a radiação dispersa não pode ser concentrada quando a absorção de calor a torna menos eficaz quando é coordenada fora do sol ou nublado.

•　　Os reflectores reflectidos são inclinados para o sol, e focam a luz solar nos canais para aquecer o óleo no interior até 750°F ou 398,8°C.

•　　O óleo quente é então utilizado para borbulhar água, o que faz funcionar o vapor para as habituais turbinas e geradores de vapor.

•　　O líquido dentro do tubo é aquecido para fazer vapor supersaturado que alimenta um gerador de turbina para fornecer electricidade.

Fig.1 mostra Diagrama Esquemático do Sistema Parabólico de Canal, Fig.2 mostra Diagrama de Trabalho do Sistema Parabólico de Canal, Fig.3 mostra Sistema Parabólico de Canal Solar e Fig.4 mostra Sistema Parabólico de Canal Solar

Fig.4: Sistema solar parabólico de canal.

2.3 Sistema de Torre de Energia

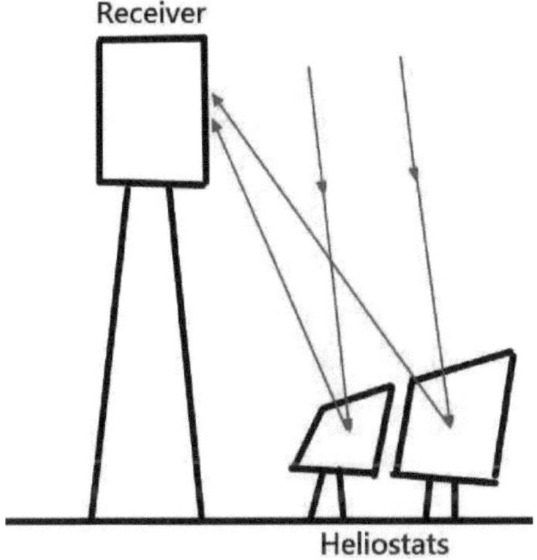

Fig.5: Power Tower Schematic Diagram

- As torres solares convertem a luz solar em electricidade limpa. A tecnologia utiliza muitos espelhos solares de grande dimensão (frequentemente chamados helióstatos) para focar a luz solar no receptor no topo da torre.

- Os sistemas de torres de energia também chamados receptores focais, utilizam alguns helióstatos (espelhos) enormes de nível para seguir o sol e focar os seus feixes num receptor.

Fig.6: Sistema de energia solar Power Tower - vista 3D

• O fluido de transferência de calor aquecido no receptor é utilizado para gerar vapor que, por sua vez, é utilizado em geradores de turbinas convencionais para gerar electricidade. As primeiras torres eléctricas utilizavam o vapor como fluido de transferência de calor. As torres eléctricas actuais utilizam sal de nitrato derretido. O nitrato é utilizado devido às suas excelentes capacidades de transferência de calor e armazenamento de energia.

• Como aparece na figura abaixo, os receptores cabem sobre uma torre alta na qual a luz solar concentrada aquece um líquido, por exemplo, sal de nitrato líquido, tão quente como 1,050°F ou 565,55°C.

• O líquido quente pode ser utilizado rapidamente para fazer envelhecer o vapor para a electricidade ou guardado para utilização posterior.

• O sal líquido retém eficazmente o calor, pelo que pode muito bem ser guardado durante muito tempo antes de ser transformado em electricidade.

• Isto implica que a electricidade pode ser criada no meio de tempos de pináculo necessários em dias sombrios ou mesmo algumas horas após o pôr-do-sol.

A Primeira Geração de Central Eléctrica da Torre

• A Solar One é a maior central eléctrica do mundo, a funcionar de 1982 a 1988.

• O sistema de armazenamento térmico Solar One armazena calor como vapor gerado a partir da energia solar em tanques cheios de rochas e areia. E utiliza fluido de transferência de calor do petróleo.

• O sistema de armazenamento térmico Solar One alarga a capacidade de geração de energia da central à noite e fornece calor para produzir vapor de menor qualidade para manter algumas partes da central quentes durante as horas de vazio e o início da manhã.

- Infelizmente, o sistema de armazenamento térmico Solar One é complexo e termodinamicamente ineficiente.
- A Solar One também demonstra as deficiências dos sistemas de água/vapor, tais como o funcionamento intermitente das turbinas devido a nuvens transitórias e a falta de armazenamento térmico eficiente.

A Torre de Energia Solar de Segunda Geração

- A versão de transformação de Solar Um para Solar Dois requer um novo sistema de transferência de calor de sal fundido e um novo sistema de controlo.
- Isto inclui receptores, regeneradores, tubagens e geradores de vapor. Solar One, torres e turbinas ou geradores requerem muito pouca correcção.

Vantagens da utilização de sal fundido

- Antes de seleccionar o sal fundido, vários fluidos foram testados para transferir calor do sol, incluindo água, ar, óleo e sódio.
- O sal fundido é utilizado em sistemas de torres solares porque é líquido à pressão atmosférica, é uma forma eficiente e barata de armazenar energia térmica.
- A sua temperatura de funcionamento é compatível com turbinas de vapor de alta pressão e alta temperatura.
- Além disso, os sais fundidos são utilizados como fluidos de transferência de calor nas indústrias química e metalúrgica. Por conseguinte, existe a experiência de sistemas de sais fundidos para aplicações não solares.
- Foi utilizada uma mistura de 60% de nitrato de sódio e 40% de nitrato de potássio como meio de armazenamento de sal. O sal derreteu a 220°C e foi mantido em estado fluido a 290°C num tanque de armazenamento "frio". É depois aquecido a 565°C através do receptor e depois transferido para o tanque "quente" para armazenamento.

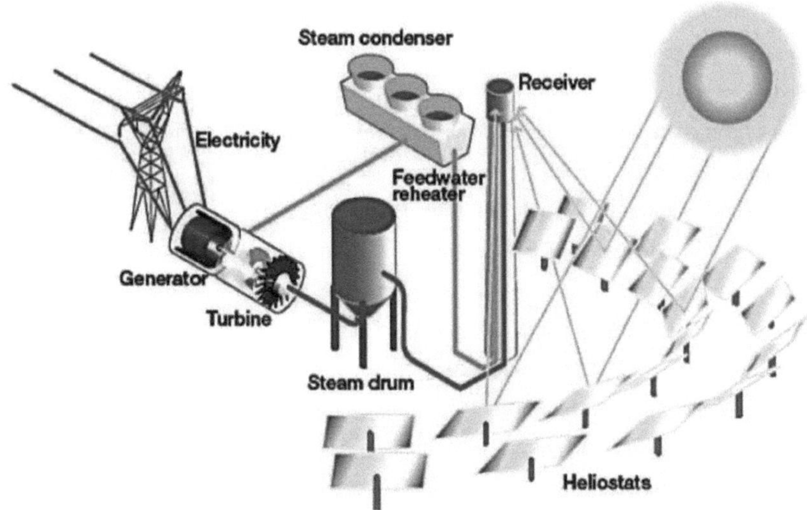

Fig.6: Central de energia solar da Torre de Energia

• Quando é necessária electricidade da central, o sal quente é bombeado para o sistema de vapor. Estes sais quentes produzem vapor sobreaquecido para sistemas convencionais de geradores de turbinas do ciclo Rankine.

• A partir do gerador de vapor, o sal é devolvido ao tanque de água fria onde é armazenado e possivelmente reaquecido no receptor.

• Todas as mangueiras, válvulas e tanques utilizados para sais quentes são feitos de aço inoxidável devido à sua resistência à corrosão em ambientes que contêm sais fundidos, enquanto que os sistemas de sal frio são feitos de aço com baixo teor de carbono.

• Fig.5 mostra o Diagrama Esquemático da Torre de Energia e Fig.6 mostra a Central de Energia Solar da Torre de Energia

Benefícios das Torres de Energia Solar

• Como todas as tecnologias solares, as torres de energia solar utilizam a luz solar como combustível e não emitem gases com efeito de estufa.

• As torres de energia solar são únicas na tecnologia de energia solar, que armazena eficientemente a energia solar e fornece electricidade à rede quando necessário, mesmo à noite ou com tempo nublado.

• Nenhuma libertação de gás ou líquido nocivo é emitida durante o funcionamento da torre solar. No caso de um derrame de sal, o sal congela antes de o solo estar fortemente contaminado.

• Utilizar uma pá para recolher o sal e reciclá-lo se necessário. Se a torre eléctrica for misturada com uma planta fóssil tradicional, as emissões serão emitidas pelas partes não solares da planta.

2.4 Sistema Parabólico de Louça

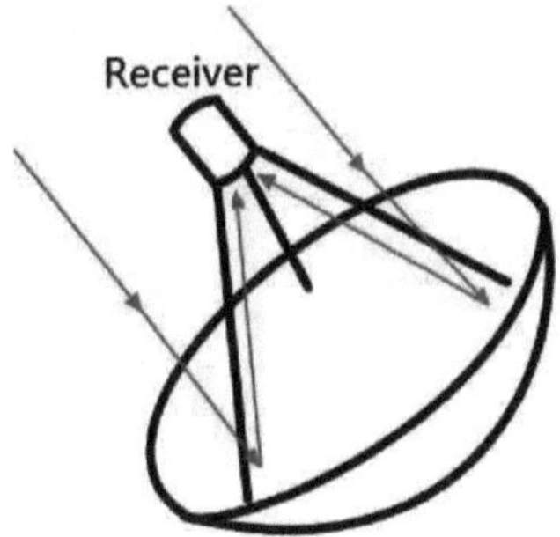

Fig.7: Construção de sistema parabólico de pratos

- Os sistemas de prato/motor utilizam pratos reflectores (cerca de 10 vezes maiores do que uma antena parabólica) para focar e concentrar a luz solar num colector.

- Como aparece na figura abaixo, o beneficiário é montado no ponto de convergência do prato. Para captar a maior medida de energia solar, o prato que se reúne segue o sol sobre o céu.

- O destinatário é incorporado num motor de combustão externa de alta eficiência.

- O motor tem tubos finos contendo hidrogénio ou gás hélio que continuam a correr ao longo do exterior das câmaras de quatro cilindros do motor e abrem para os barris.

- Como a luz solar concentrada cai sobre o receptor beneficiário, aquece o gás nos tubos a temperaturas elevadas, o que faz com que o gás quente se estenda dentro das câmaras.

- O gás em crescimento conduz os cilindros. Os cilindros giram uma cambota, que acciona um gerador eléctrico.

- O colector, o motor e o gerador envolvem um colector solitário, coordenado e montado no foco do prato reflectido.

- A placa solar usa uma forma parabólica cortando-a numa fina folha de metal ou numa fina película de poliéster revestida de alumínio, e o seu diâmetro pode variar de alguns metros a alguns metros.

- O prato parabólico capta a energia solar incidente directamente do sol e concentra-a ou concentra-a numa pequena área focal em frente do prato.

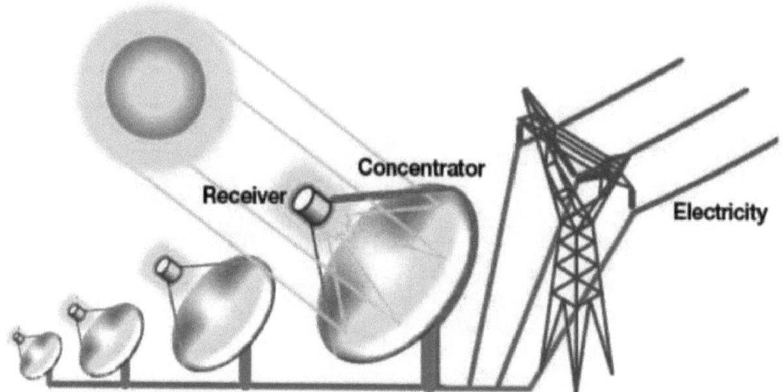

Fig.8: Central de energia solar parabólica de parabólica

- O prato solar é coberto com uma série de pequenos reflectores especulares ao longo da sua forma, que concentram o calor dos raios solares num ponto focal em que o dissipador de calor está localizado, produzindo mais energia térmica global por metro quadrado.

- Fig.7 mostra Construção de Sistema Parabólico de Prato, Fig.8 mostra Parabólica de Prato Solar e Fig.9 mostra Parabólica de Prato

Fig.9: Sistema Parabólico de Louça

- Estes espelhos altamente polidos reflectem mais de 90% da luz solar, e o prato é mais de 20% mais eficiente do que os reflectores parabólicos de cocho.

- Os espelhos são frequentemente utilizados para substituir painéis únicos altamente polidos porque são relativamente baratos, fáceis de limpar e duram muito tempo em ambientes exteriores extremos, tornando-os a melhor escolha de energia solar para superfícies reflectoras. Além disso, se um único espelho for danificado, pode ser facilmente substituído.

- Para além dos sensores de painel solar, é necessária uma forma de receptor de calor para converter um feixe solar concentrado e intenso em calor.

- Os colectores solares podem ser tão simples como pequenos tubos de vácuo ou motores solares térmicos mais complexos.

- Uma vez que a temperatura no foco é muito elevada, um fluido do tipo óleo quente é tipicamente utilizado no lugar da água no receptor, que será transferida pelo calor intenso gerado pela focalização da luz solar no receptor.

- Tal como os colectores, os colectores solares podem ser utilizados sozinhos ou interligados para grandes aplicações industriais.

- O sistema tipo colector de pratos solares também pode fazer parte de outra tecnologia solar chamada sistema de motor de prato solar.

- A parte em cúpula do sistema do motor do prato solar é muito semelhante à descrita acima, mas pode incluir muitos espelhos parabólicos individuais, mas mais pequenos do que um único prato grande, incluindo todos angulados e virados para o mesmo foco.

- Como o nome sugere, o sistema de motor de prato solar contém um motor solar especial, que está integrado no receptor solar.

- É, portanto, um motor térmico alimentado por energia solar, que é convertido numa potência mecânica rotativa ao comprimir ciclicamente o gás de trabalho do motor (normalmente hélio ou hidrogénio).

- A potência mecânica resultante é então utilizada para accionar um gerador, gerando assim um grande fornecimento de corrente alternada.

- Estes tipos de motores solares térmicos foram nomeados em 1817 pelo seu inventor Robert Stirling como Stirling Engine.

- O motor Stirling é um sistema de circuito fechado de gás quente, cujo princípio básico é que o gás altera o seu volume durante as alterações térmicas, resultando numa constante compressão isotérmica do gás frio e numa constante expansão isotérmica do gás quente.

- Esta mudança de temperatura cria movimento de um gás entre duas câmaras diferentes para produzir uma temperatura elevada constante e uma temperatura baixa constante, resultando num funcionamento contínuo do motor.

- O desempenho e funcionamento do motor térmico Stirling é concluído pela temperatura de trabalho do gás, que é mantida entre 650°C e 750°C.

- A fim de manter a radiação solar reflectida no foco e gama de temperatura correctos durante o dia, é utilizado um sistema de seguimento solar de dois eixos com um prato, que faz girar permanentemente o concentrador solar.

- Tal como com outros tipos de tecnologia CSP, os colectores solares reais não são adequados para sistemas de água quente doméstica devido ao seu tamanho, preço e temperatura de funcionamento muito grandes.

2.5 Reflector Linear Fresnel

* O nome da tecnologia do reflector linear Fresnel provém da lente Fresnel, desenvolvida pelo físico francês Augustin-Jean Fresnel no século XVIII para o farol.

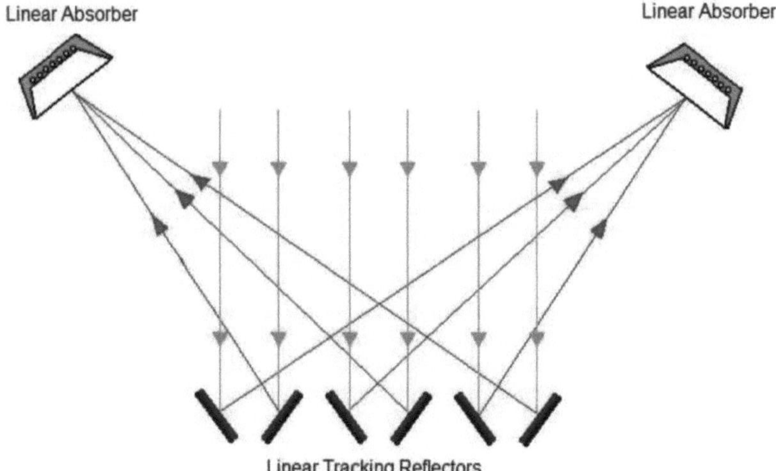

Fig.10: Construção de Reflector Linear Fresnel

- Fig.10 mostra Linear Fresnel Reflector Construção, Fig.11 mostra Linear Fresnel Reflector Solar Power Plant e Fig.12 mostra Linear Fresnel Reflector Linear View

* O princípio da lente é quebrar a superfície contínua de uma lente padrão num conjunto de superfícies separadas por descontinuidades.

* Isto pode reduzir significativamente a espessura da lente e, portanto, o peso e o volume, mas à custa da qualidade reduzida da imagem da lente.

* Se o objectivo é focar a fonte de luz, o efeito na qualidade da imagem não é importante.

* O princípio da divisão de um componente óptico em segmentos com um fenómeno óptico idêntico ao do componente óptico original também pode ser aplicado ao espelho.

* O princípio da lente é cortar a superfície contínua de uma lente padrão numa superfície que tenha uma descontinuidade entre um conjunto de superfícies.

* O espelho parabólico pode ser separado em segmentos angulares para formar um espelho Fresnel circular que focaliza a luz que atinge a luz paralela ao eixo óptico para o foco do espelho parabólico.

* O princípio da divisão do elemento óptico em segmentos também pode ser aplicado ao espelho, que em conjunto tem o mesmo efeito óptico que o elemento óptico original.

- Portanto, é possível, por exemplo, dividir um espelho parabólico num segmento anular que foca a luz incidente como um paralelo no eixo óptico do espelho parabólico.

- Da mesma forma, um espelho linear Fresnel pode ser construído substituindo uma calha parabólica por um segmento linear radiante que se concentra num plano paralelo ao plano da calha parabólica sobre a linha focal da calha.

- Relativamente à concentração de radiação na linha focal, o colector linear Fresnel tem o mesmo efeito de um canal parabólico correspondente, ou seja, como um canal parabólico com a mesma distância focal e a mesma abertura.

- Mas, na realidade, não tem exactamente o mesmo efeito. Os percursos de luz dos raios correspondentes após reflexão não são exactamente os mesmos, e os ângulos de incidência no plano focal são ligeiramente diferentes.

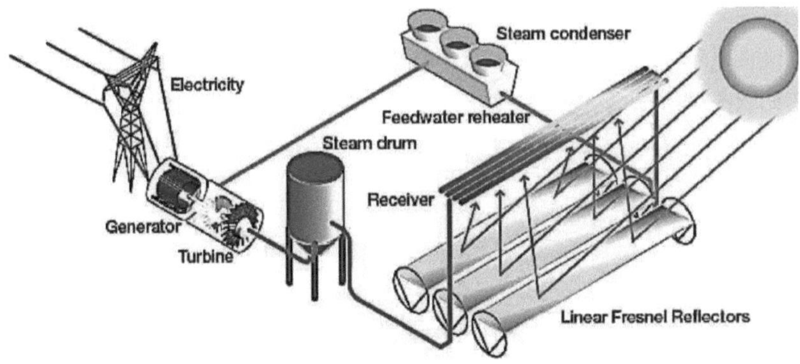

Fig.11: Central de energia solar com reflector linear de Fresnel

- Além disso, o espelho linear Fresnel para montagem CSP é móvel, pelo que também é possível concentrar-se na radiação directa que não entra no sistema num plano paralelo ao plano do eixo óptico.

- Da mesma forma, um Fresnel linear pode ser construído com um segmento linear em vez de um canal parabólico que focaliza a radiação num plano paralelo ao plano de simetria do canal parabólico na linha focal do canal parabólico.

- Ao considerar a concentração de radiação na linha focal, o LFR tem um efeito semelhante a um canal parabólico, ou seja, comporta-se como um canal parabólico com a mesma distância focal e abertura.

- O primeiro protótipo do concentrador do reflector linear Fresnel foi construído em Itália em 1964 pelo matemático Giovanni Francia.

- Foi testado na estação solar Lacédémone-Marseille e beneficiou do apoio do Conselho Nacional de Investigação (CNRS), da NATO e da Coopération Méditerranée pour l'Energie Solaire

(COMPLES).

- Os reflectores estão situados na base do sistema e unem os feixes solares no absorvedor.

- Estes reflectores fazem uso do impacto do ponto focal Fresnel, que tem em conta um espelho concentrador com uma abertura substancial e curta distância focal, diminuindo ao mesmo tempo o volume de material necessário para o reflector.

- Isto diminui significativamente as despesas do sistema, uma vez que os reflectores ilustrativos de vidro inclinado são regularmente excepcionalmente caros.

- Seja como for, a partir do fim da nanotecnologia de película fina diminuiu fundamentalmente os custos dos espelhos alegóricos.

- Os reflectores de um CLFR são tipicamente alinhados numa orientação norte-sul e giram em torno de um único eixo utilizando um sistema de seguidores solares controlados por computador.

- Isto permite que o sistema mantenha o ângulo de incidência adequado entre os raios solares e os espelhos, optimizando assim a transferência de energia.

Fig.12: Vista Linear do Reflector Fresnel

- Varia de cocho parabólico em que o absorvedor se instala no espaço sobre os reflectores Fresnel um pouco dobrados ou nivelados.

- De vez em quando um pequeno espelho parabólico é adicionado ao ponto mais alto do recipiente para concentrar adicionalmente a luz solar.

CAPÍTULO 3

CSP SELECÇÃO DO LOCAL E ANÁLISE DE VIABILIDADE

3.1 Selecção de sítios CSP

- Os sistemas solares dependem dos recursos naturais solares, que se distribuem de forma desigual no planeta.

- É evidente que alguns sítios podem ser considerados muito favoráveis para a recolha da luz solar, enquanto outros são menos adequados por várias razões.

- Por conseguinte, a escolha de um local de desenvolvimento de um DEP é de importância estratégica para a viabilidade a longo prazo do projecto.

- A disponibilidade de luz solar em meteorologia é a primeira e não a única, limitação que deve ser tida em conta ao planear o desenvolvimento de um sítio CSP.

- A geografia natural de uma localização potencial, a área de terreno disponível, as infra-estruturas disponíveis, o mercado energético, a situação política e social também deve ser considerada.

- Todos estes factores, sendo específicos do local, podem ter um impacto decisivo no sucesso do desenvolvimento dos DEP na região.

- Na essência, a abordagem de desenvolvimento de projectos no PEC difere de outros projectos de desenvolvimento, tais como os que envolvem centrais eléctricas convencionais de combustíveis fósseis, energia solar fotovoltaica, energia eólica, etc.

- Contudo, o PEC tem as suas próprias características que requerem conhecimentos especiais ao escolher um local e o estudo de viabilidade é levado a cabo.

- Qualquer localização dirigida para o PEC deve ser cuidadosamente examinada em relação aos critérios básicos, como se segue.

1. ***Radiação directa normal (DNI):*** É a quantidade de radiação solar recebida por uma área de unidade vertical (ou seja, normal) para os raios solares de entrada. O DNI torna-se energia, que por sua vez se torna um retorno em dinheiro do projecto. Em geral, acredita-se que o DNI deve ser pelo menos 2000 kWh/m^2 por ano para fornecer energia viável [Lovegrove e Stein, 2012]; contudo, o limiar depende do mercado nacional e deve ser avaliado individualmente para cada caso. A precisão dos dados do DNI é muito importante para estimar a potência de produção esperada da futura estação. As medições do DNI são recomendadas no local durante pelo menos um ano para descrever um ciclo sazonal completo.

2. ***Disponibilidade de terrenos e topografia:*** Estas condições variam para diferentes tecnologias CSP. Por exemplo, o EQ levou a preparação até $2°$ declive, enquanto os sistemas reflectores Fresnel podem suportar até $5°$ declive. Os sistemas de torres solares podem acomodar mais

topografia desde que os taludes apoiem adequadamente a disposição dos helióstatos. Normalmente, as estações CSP com serviços públicos requerem uma grande área de terreno aberto (~ 2-5 km^2) livre de obstruções. NREL estimou a utilização de terrenos modelo por centrais de energia solar concentrada em aproximadamente 40.000 metros quadrados por MW [NREL, 2013].

3. ***Solos e pavimentos:*** O terreno deve permitir algum trabalho de nivelamento. Isto requer uma análise das condições do solo e das rochas. Alguns solos macios podem ser instáveis e minar o alinhamento da óptica. Por conseguinte, pode ser necessário substituí-los. As formações rochosas abaixo podem levar a custos adicionais para liquidar a obra.

4. ***Dados meteorológicos:*** A análise de dados a longo prazo de dados meteorológicos e de satélite ajuda a criar expectativas para as nuvens na região durante a vida útil do sistema. Além disso, fortes tendências de precipitação, escoamento ou inundação podem ter um impacto na topografia do local. Ventos fortes podem ter um efeito directo na geração de energia, uma vez que criam vibrações e distorções nos condensadores e, portanto, afectam com precisão a concentração dos raios solares. Alguns locais beneficiam de barreiras eólicas e outras medidas de mitigação. As temperaturas húmidas e secas são avaliadas para a temperatura remota atingível na central eléctrica. Isto tem um efeito sobre a eficiência das turbinas de vapor.

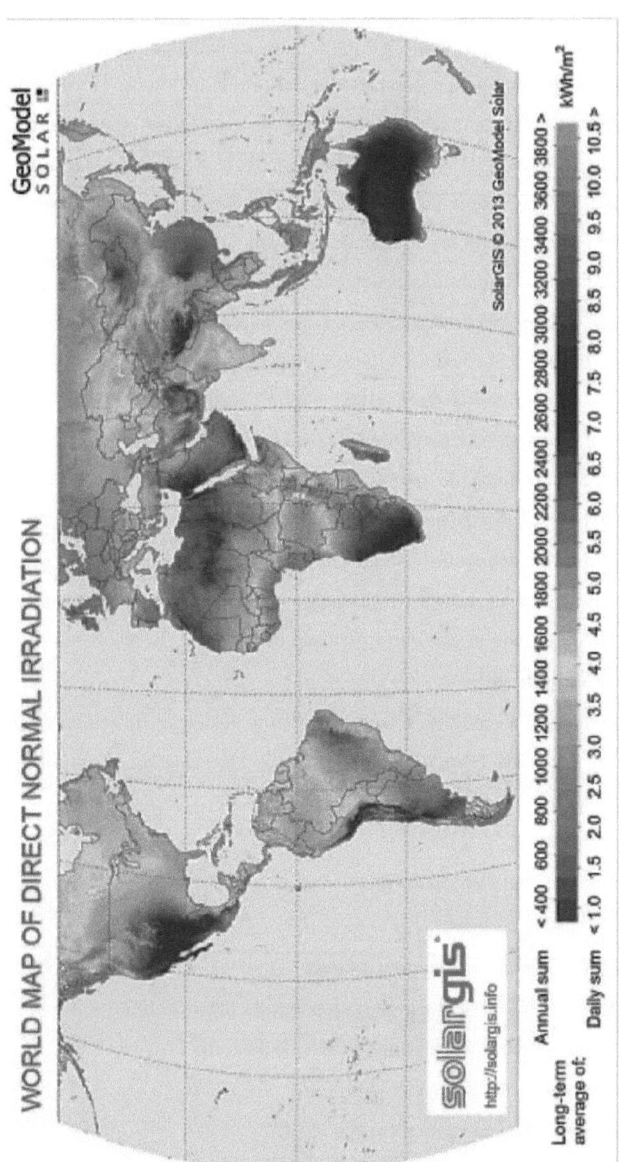

Fig.13: Mapa Mundial do DNI

Crédito: SolarGIS © 2014 GeoModel Solar. Consultar o website SolarGIS para obter os mapas DNI para locais específicos.

5. ***Recursos hídricos locais:*** Primeiro, a água é necessária para centrais solares concentradas como agente refrigerante para o condensador da turbina de vapor. Tanto as águas superficiais como as subterrâneas podem ser utilizadas. Contudo, os locais com o DNI mais elevado são geralmente áreas secas (por exemplo, desertos), onde a água é escassa. A necessidade de permissão para utilizar a água pode tornar-se um obstáculo adicional para a adopção do local. Outros usos da água incluem serviço, limpeza do espelho. O ciclo de vapor de água requer água desmineralizada, o que requer uma estação de tratamento de água adicional no local.

6. ***Ligações à rede:*** A energia produzida deve ser entregue aos clientes, pelo que é necessário ligá-la à linha de alta tensão. As centrais solares concentradas com uma capacidade de 20 megawatts e a capacidade acima referida são normalmente utilizadas na gama de 60-400 kV. A distância até à rede deve ser baixa para evitar investimentos adicionais para transferir energia. Se houver necessidade de criar rotas de transferência de energia, as preocupações ambientais e de autorização devem ser abordadas com antecedência.

7. ***Perto das estradas de transporte:*** As estradas são necessárias na fase de construção da fábrica para transportar materiais e equipamento para o local. Além disso, na fase operacional, as estradas de acesso tornam-se estruturas permanentes.

3.2 Análise de Viabilidade

- A análise simultânea de múltiplos factores torna a avaliação do sítio um processo iterativo complexo. As seguintes fases deste processo são apresentadas abaixo (Lovegrove e Stein, 2012):

a. ***Análise de Mercado***

- Análise de interesse e relevância do PEC.
- Identificar o mercado

b. ***Identificação de Coudelaria Regional e Local***

- Avaliação de dados GIS: O DNI é promissor para esta região?
- Análise das infra-estruturas das principais fases do projecto.
- Encontrar potenciais localizações para o projecto.
- Identificar as técnicas e o conceito técnico do PEC.

c. ***Análise de Viabilidade***

- Avaliação da medição do DNI *I*
- Determinação de falha fatal e risco.
- Avaliação Geotécnica e Topográfica de Localização.
- Análise económica detalhada *I* modelação financeira.
- Análise sócio-económica

d. *Qualificação do projecto*

- Avaliação hábil dos recursos solares e do seu retorno.
- Avaliação do impacto ambiental
- Levantamento geotécnico e topográfico.
- Obtenção de autorizações e licenças.
- Negociação de contratos.
- Obter cotações de preços para equipamento

e. *Encerramento do contrato*

- Conclusão dos procedimentos legais
- Avaliação de risco
- Acordo de ereção
- Acordos de equidade e obrigações

São necessárias informações mais específicas e conhecimentos especializados adicionais em cada fase subsequente do plano acima referido. O estudo que considerou várias alternativas para o desenvolvimento de plantas CSP no Novo México:

f. *Considerações sobre a água*

- A estratégia hídrica das instalações do DEP é um dos principais pilares do projecto, pois afectará muitos outros factores e opções e poderá ser um ponto de viragem para o projecto.
- Isto porque a escassez de água é considerada um problema ambiental grave em muitas áreas, estando por isso sujeita a regulamentos ambientais rigorosos. Portanto, vamos estudar cuidadosamente as necessidades de água e as escolhas tecnológicas relacionadas no sistema CSP.
- O maior ponto de consumo de água no CSP é o arrefecimento do condensador da turbina de vapor. O sistema de arrefecimento pode utilizar sal e água doce e pode ser removido da água de superfície e dos reservatórios subterrâneos.
- Deve ser alcançado um acordo de captação de água antes do início do projecto, o qual deve ser incluído na análise de viabilidade do projecto.
- Existem sistemas de arrefecimento e secagem. O arrefecimento húmido envolve tipicamente a utilização de uma torre de arrefecimento, que é a técnica de arrefecimento mais eficiente desde que a água possa ser alcançada e possa ser frequentemente utilizada para operar o equipamento.

g. *Torres de arrefecimento*

- As torres de arrefecimento utilizam até 85-90% de água tratada. Quando o abastecimento de água é curto, o sistema de arrefecimento a seco pode ser utilizado como alternativa.
- Os sistemas de arrefecimento a seco utilizam água 10 vezes menos do que os sistemas de

arrefecimento a húmido; mesmo os abastecimentos baseados em camiões são adequados.

- Contudo, de um ponto de vista económico, os sistemas de arrefecimento a seco são menos eficientes.

- Num sistema de refrigeração seco, o ar é utilizado como meio de transferência de calor, e o coeficiente de transferência de calor é muito mais baixo do que a água.

- Além disso, o efeito de arrefecimento da evaporação é o principal mecanismo da torre de arrefecimento e, portanto, não pode estar disponível. Isto reduz a eficiência do ciclo da água-vapor.

- Uma das desvantagens dos sistemas de arrefecimento a seco é o consumo adicional de energia do ventilador que sopra o ar para arrefecer

- Pelas razões acima mencionadas, o projecto de arrefecimento a húmido tem uma vantagem económica sobre o projecto de arrefecimento a seco.

- As decisões sobre as trocas de água e energia térmica devem ser tomadas separadamente para cada caso específico, com base nos recursos disponíveis.

- O compromisso entre a utilização de água é uma torre de arrefecimento que combina o arrefecimento a seco e o arrefecimento a húmido.

- Nesta técnica, a água é pulverizada sobre o condensador para permitir a evaporação, mas o consumo de água é significativamente reduzido em comparação com os métodos tradicionais de arrefecimento a húmido.

- De acordo com estimativas de Andrew Elbert (Worldwatch Institute) sobre o consumo de água, a central de energia solar concentrada média utiliza apenas 120 galões de água por megawatt hora de energia. Em contraste, este número corresponde a valores típicos para outros tipos de centrais eléctricas na Califórnia.

Tabela.1: Utilizações típicas de água por MWh por diferentes centrais eléctricas

Type Of Power Plant	Average Lifecycle Water Use
CSP (with dry or wet cooling)	~120 gal/MWh
Coal Fired Thermal Power Plant	523 - 1,084 gal/MWh
Conventional Natural Gas Combined Cycle Power Plant with Wet Cooling	152 - 525 gal/MWh
Conventional Nuclear Power Plant with Wet Cooling	475 - 900 gal/MWh

h. Outros usos da água em plantas CSP incluem:

- Processo (ciclo da água-vapor)

- Serviço (equipamento rotativo de arrefecimento)

- Lavagem (limpeza dos espelhos)

A água envolvida no ciclo da água-vapor precisa de ser relativamente pura e muitas vezes precisa de ser desmineralizada. Os requisitos de pureza da água são especificados pelos fabricantes de turbinas. Estes requisitos impõem uma limitação adicional às fontes de água. Se a água bruta contiver quantidades significativas de iões e outros químicos, poderá ser necessário acrescentar uma estação especial de tratamento de água à instalação. Grande parte desta água é reciclada, e o seu volume total não é substancial.

3.3 Vantagens da Central de Concentração de Energia Solar (CSP)

1. Utilização de uma fonte de vitalidade renovável.
2. Sem emissão de carbono.
3. Pode preencher como uma gota de combustível convencional para produzir vapor
4. As despesas de trabalho são baixas
5. Pode utilizar a capacidade térmica para coordenar mais prontamente a oferta com a procura
6. Alta produtividade

3.4 Vantagens da Central de Concentração de Energia Solar (CSP)

1. Poços descontínuos de energia

2. Baixa densidade energética

3. Os custos de desenvolvimento/estabelecimento são elevados

4. Requerem muito espaço

5. Intensamente dependente da área

CAPÍTULO 4
SISTEMA SOLAR FOTOVOLTAICO

4.1   Célula fotovoltaica ou célula solar

- O componente fundamental de um Sistema FV é a célula fotovoltaica (PV), igualmente chamada de Célula Solar.

- Um caso de uma célula PV/Solar feita de Silício Mono-cristalino aparece como mostrado na fig.14 abaixo.

- Esta única Célula PV/Solar assemelha-se a um quadrado no entanto com os seus quatro cantos em falta (é feita ao longo destas linhas).

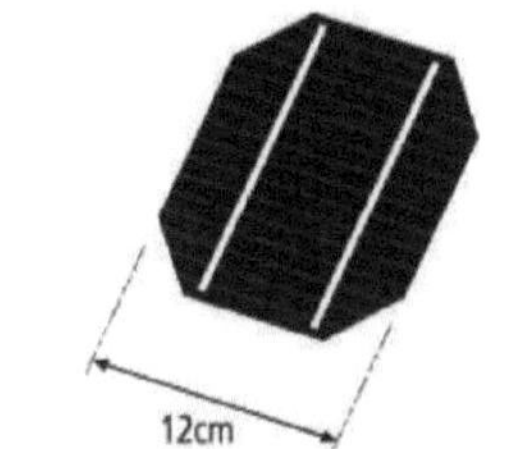

Fig.14: Célula fotovoltaica / solar

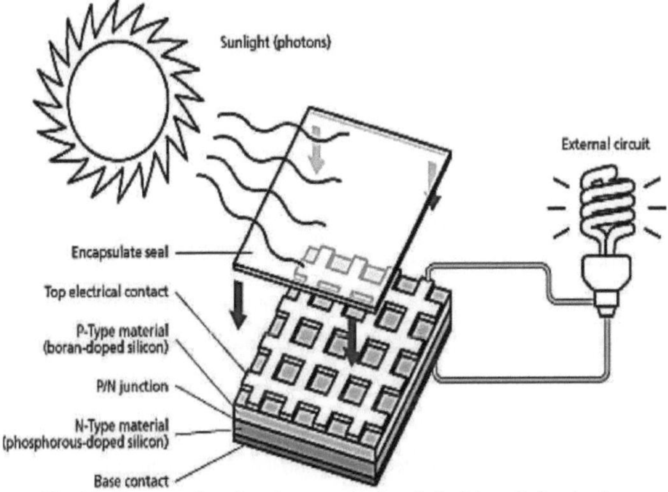

Fig.15: Construção e funcionamento de célula fotovoltaica / solar

4.2 *Construção e funcionamento da célula fotovoltaica e solar*

- Fig.15 mostra a Construção e Funcionamento da Célula Solar PV *I*.

- Uma Célula PVISolar é um dispositivo semicondutor que pode converter energia solar em electricidade DC através do "Efeito Fotovoltaico" (Conversão da energia solar luminosa em energia eléctrica).

- No ponto em que a luz brilha sobre uma célula PVISolar, pode ser reflectida, retida, ou passar directamente através dela. Seja como for, apenas a luz consumida produz electricidade.

- Fig.16 mostra o módulo PV Voltagem Vs. Características da Corrente.

Tensão da matriz fotovoltaica / Característica da corrente

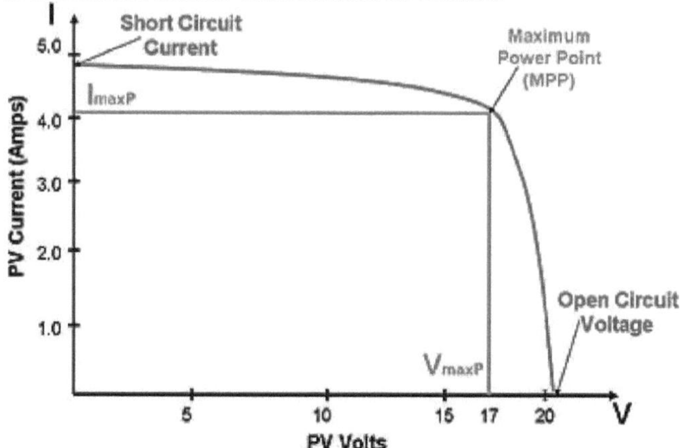

Fig.16: Módulo PV Voltagem Vs. Características da Corrente

4.3 Tipos de células solares

- A produção de energia fotovoltaica utiliza painéis solares compostos de várias células solares contendo materiais fotovoltaicos.

- Nos últimos anos, foram feitos avanços significativos nos módulos de células solares e nos painéis fotovoltaicos devido ao interesse crescente no fornecimento de energia sustentável.

- Seguem-se os tipos de células solares, a sua eficiência, vantagens e desvantagens.

a. Célula FV Monocristalina de Silício

- O silício monocristalino é mais eficiente porque o cristal não contém limites de grão, que são defeitos na estrutura do cristal causados por alterações na rede de cristal, que tendem a reduzir a condutividade e condutividade térmica do material.

- Pode ser visto como um obstáculo ao fluxo de electrões. A principal força da indústria fotovoltaica tem sido sempre as células de silício cristalino, feitas de cristal único ou silício policristalino, cortadas em 10 x 10 cm e 350 microns, como se mostra na fig.17.

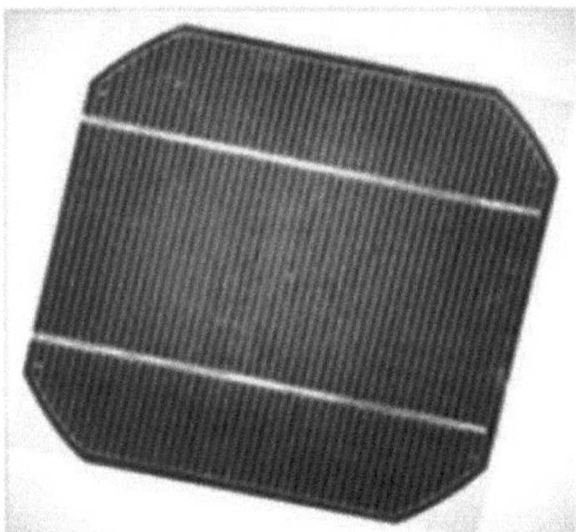

Fig.17: Célula fotovoltaica monocristalina de silício

• Esta eficiência celular varia entre 13% e 15%, o que depende da qualidade do material e da tecnologia celular específica. Um silício cristalino é definido como contendo um tamanho granular superior a 10 cm.

• As unidades modulares feitas deste tipo de células são as mais conhecedoras do mercado. Este fabricante fotovoltaico de confiança oferece até 20-25 anos de garantia com uma classificação especificada de 80%.

b. Célula Policristalina de Silício PV

• O silício policristalino tem fronteiras granulares distintas; a parte monocular é visível à vista desarmada.

• Estas células são constituídas por diferentes cristais de silício formados por ligas. À medida que são cortadas e depois dopadas. Oferece uma eficiência de conversão ligeiramente inferior à eficiência de conversão de uma única célula de cristal, geralmente de 13% a 15%.

• Normalmente, os fabricantes incluem módulos fotovoltaicos policristalinos fiáveis durante duas décadas. As células multi-cristalinas e policristalinas contêm tamanhos de 1 pm -1 mm e 1 mm - 10 cm respectivamente.

• Os grânulos de nanopartículas contêm um tamanho de partícula inferior a 100 nanómetros. A fig.18 mostra um exemplo de uma bateria multicristais.

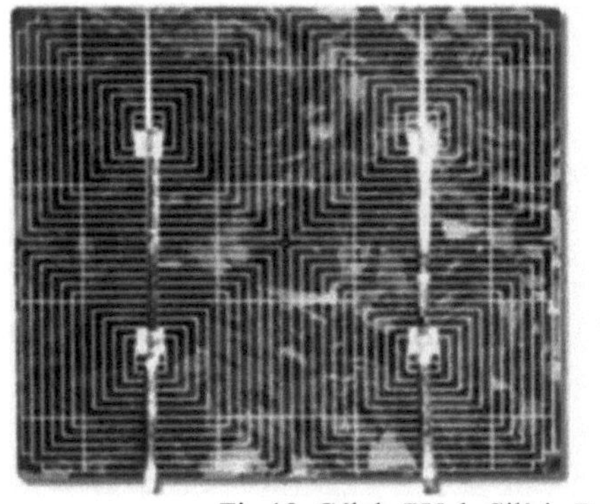

Fig.18: Célula PV de Silício Policristalina

c. Célula de Silício Amorfo (a-Si) PV

* O silício não cristalino (A-Si) é uma forma amorfa de silício em que os átomos estão dispostos de forma relativamente transversal.

* Devido à perturbação material, alguns átomos têm ligações diluídas que bloqueiam o fluxo de electrões.

* O silício amorfo tem a menor eficiência de conversão energética entre as três espécies, mas o custo de produção é mínimo.

* A primeira célula solar fina a ser preparada foi o silício amorfo (A-Si). A eficiência das películas não cristalinas aumentou de 2-5% para mais de 12%. No entanto, o problema de estabilidade nesta tecnologia foi relatado.

* A alteração no desempenho após a exposição é bem conhecida, e a eficiência relatada parece ser a eficiência medida antes de ocorrerem quaisquer alterações luminosas. A fig.19 mostra uma unidade fotovoltaica de Silício Amorfo (a-Si) PV Cell photovoltaic.

Fig.19: Célula PV de Silício Amorfo (a-Si)

- A tabela abaixo dá a diferença entre Painéis Solares Monocristalinos, Painéis Solares

Policristalinos, Filme Fino: Painéis Solares de Silício Amorfo e Célula FV Concentrada com base na taxa de eficiência, vantagens e desvantagens.

Tabela.2: Diferença entre vários painéis solares

Solar Cell Type	Efficiency Rate	Advantages	Disadvantages
Monocrystalline Solar Panels (Mono-SI)	~20%	High efficiency rate, optimized for commercial use high life-time value	Expensive
Polycrystalline Solar Panels (p-Si)	~15%	Lower price	Sensitive to high temperatures; lower lifespan & slightly less space efficiency
Thin-Film: Amorphous Silicon Solar Panels (A-SI)	~7-10%	Lower price, Easy to produce & flexible	shorter warranties & lifespan
Concentrated PV Cell (CVP)	~41%	Very high performance & efficiency rate	Solar tracker & cooling system needed (to reach high efficiency rate)

4.4 Painel Solar

- Para expandir a sua utilização, várias células fotovoltaicas individuais estão interligadas num pacote fixo e à prova de intempéries chamado Painel (Módulo).

- Cada célula fornece cerca de 1/2 volt e um módulo solar pode ter qualquer número de células solares.

- Ao expandir a quantidade de células solares, o módulo aumenta a tensão e a potência. Por exemplo, um Painel de 12 V (Módulo) terá 36 células associadas em série e um Painel de 24 V (Módulo) terá 72 células fotovoltaicas associadas em série.

- Para realizar a cobiçada tensão e corrente, os Módulos são ligados em série e arranjo paralelo de ligação no que é conhecido como PV Array.

- A adaptabilidade do sistema fotovoltaico isolado permite aos programadores fazer um sistema de energia solar que possa satisfazer uma vasta gama de necessidades eléctricas. A figura abaixo mostra a célula fotovoltaica, o Painel (Módulo) e o Array.

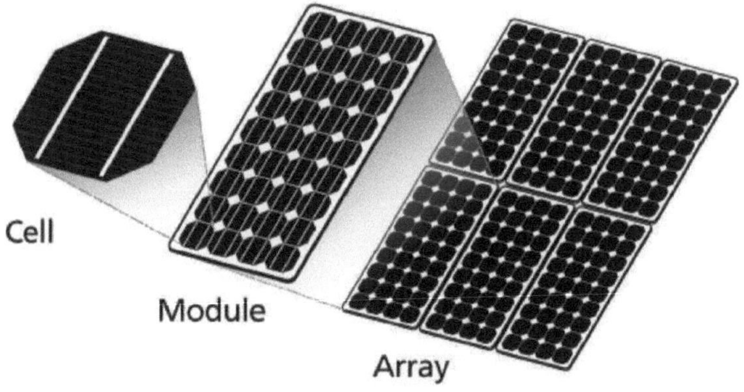

Fig.19: Célula PV, Módulo e Matriz

- As células requerem protecção do ambiente e são geralmente embaladas hermeticamente em painéis solares.

- A capacidade de potência fotovoltaica é medida como potência máxima em condições de ensaio normalizadas (STC) em "W_p" (watts de pico).

- A potência real num determinado momento pode ser inferior ou superior a este valor normalizado, ou "nominal", dependendo da localização geográfica, hora do dia, condições meteorológicas, e outros factores.

- Os factores de capacidade da matriz solar fotovoltaica são tipicamente inferiores a 25%, o que é inferior a muitas outras fontes industriais de electricidade.

- As células são muito finas e frágeis, pelo que são coladas entre uma folha frontal transparente, geralmente de vidro, e uma folha de suporte, geralmente de vidro ou de um tipo de plástico resistente.

- Isto protege-os da quebra e das intempéries. Uma estrutura de alumínio é montada à volta do módulo para permitir uma fácil fixação a uma estrutura de apoio.

- Fig.19 mostra o conceito de célula fotovoltaica, módulo e matriz e fig.20 mostra as ligações de célula fotovoltaica, módulo, corda e matriz.

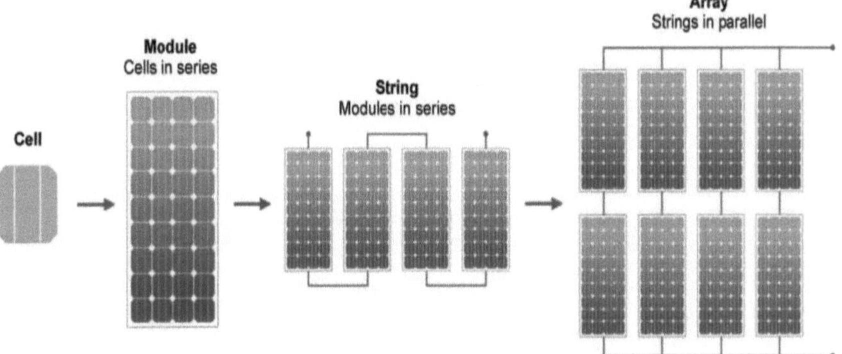

Fig.20: Ligações de célula fotovoltaica, módulo, corda e matriz

Todos os módulos FV têm especificações de acordo com NEC 690.51 como segue

1. Tensão de circuito aberto
2. Tensão de curto-circuito
3. Tensão de funcionamento
4. Corrente de funcionamento
5. Potência máxima
6. Terminal de polaridade
7. Classificação máxima de sobre-corrente
8. Tensão máxima admissível do sistema - Fig.21 mostra exemplo de especificações e classificações do módulo solar.

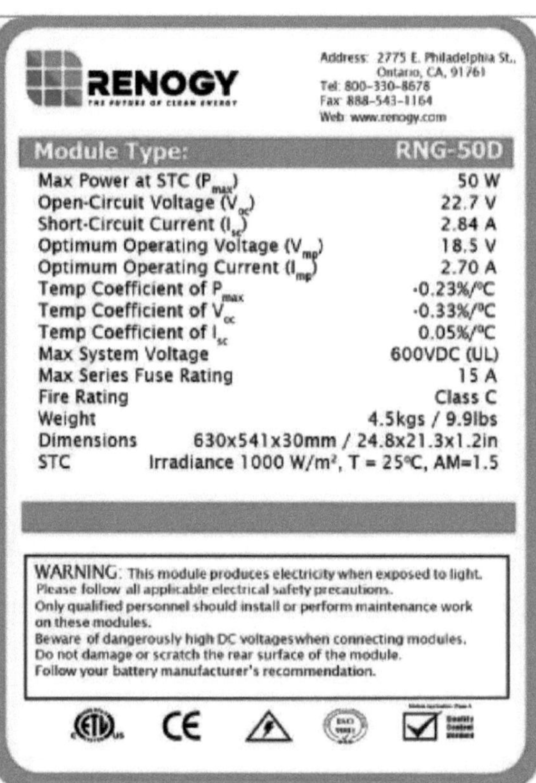

Fig.21 : Avaliações Específicas do Módulo Solar

CAPÍTULO 5
TIPOS DE SISTEMA DE PV SOLAR

Tipos de sistemas solares fotovoltaicos como se segue

A. No sistema solar fotovoltaico de rede sem bateria

B. Sistema solar fotovoltaico na rede com bateria de reserva

C. Sistema fotovoltaico solar fora da rede

5.1 Na rede solar fotovoltaica sem bateria

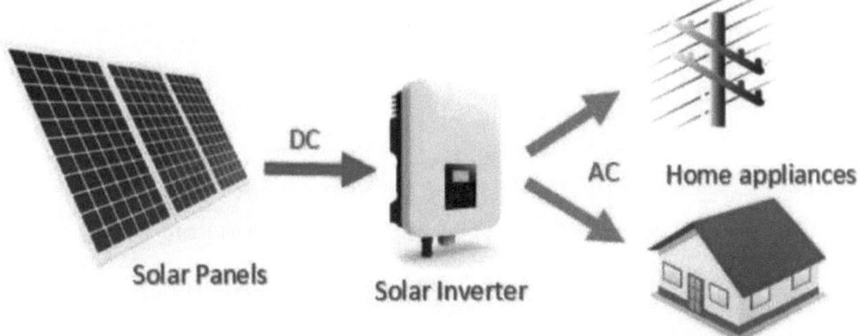

Fig. 22: Sistema solar fotovoltaico sem bateria na rede

- Em sistema solar fotovoltaico de rede sem bateria, também conhecido como sistema solar de ligação à rede ou de alimentação à rede. O cenário do sistema solar fotovoltaico de rede sem bateria é o mostrado na fig.22. O esquema do sistema solar fotovoltaico ligado à rede sem bateria é como se mostra na fig.23. Diagrama de blocos do sistema solar fotovoltaico ligado à rede sem bateria, tal como mostrado na fig.26.

- Os sistemas solares on-grid são os mais comuns e mais utilizados por indivíduos e empresas.

- Estes sistemas estão ligados a uma rede universal e não requerem armazenamento de bateria.

- Qualquer energia solar gerada por uma rede (não utilizada directamente por si) é exportada para a rede e geralmente recebe pagamentos de feed-in-tariff (FiT) pela energia que está a exportar.

- Ao contrário dos sistemas híbridos, por razões de segurança, os sistemas solares da rede não podem funcionar ou gerar electricidade durante uma falha ou apagão de energia, uma vez que as falhas de energia ocorrem tipicamente quando a rede se encontra em mau estado.

- Se o inversor solar ainda estiver ligado a uma rede defeituosa, a pessoa que reparar a falha de rede representa um risco de segurança.

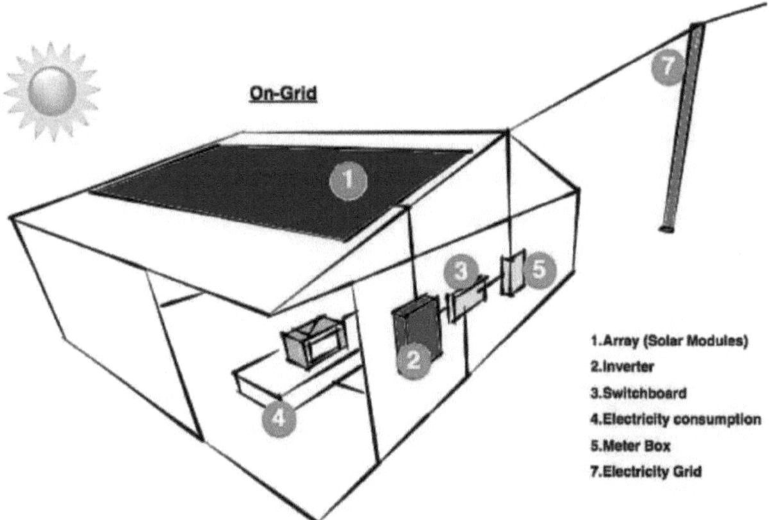

Fig. 23: Sistema Solar Fotovoltaico Sem Bateria na Rede

- A maioria dos sistemas solares híbridos com baterias de armazenamento são automaticamente isolados da rede (chamada correlação) e continuam a funcionar durante o blackout.

5.2 Em Rede Sistema Solar Fotovoltaico com Back-Up de Bateria

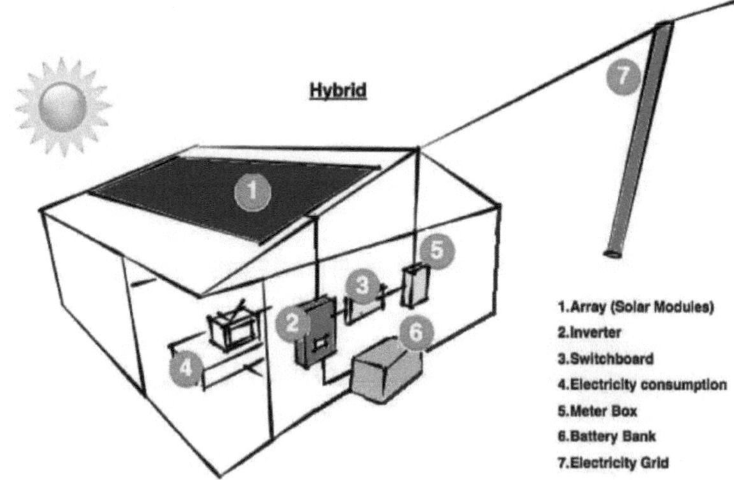

Fig.24: Esquema do sistema solar fotovoltaico em rede com bateria de reserva

- Sistema solar fotovoltaico de rede com bateria de reserva também conhecido como Hybrid Solar System. O esquema do sistema solar fotovoltaico com bateria de reserva na grelha é como mostrado na fig.24. Diagrama de blocos do sistema solar fotovoltaico ligado à rede com bateria de reserva, tal como mostrado na fig.27.

- A maioria dos sistemas solares híbridos com baterias de armazenamento são automaticamente isolados da rede (chamado modo de ilha) e continuam a funcionar durante o apagão.
- Os sistemas híbridos modernos combinam energia solar e baterias num só produto e estão disponíveis numa variedade de modos e configurações.
- Devido ao custo reduzido do armazenamento da bateria, os sistemas que já estão ligados à rede podem também começar a utilizar o armazenamento da bateria.
- Isto significa ser capaz de armazenar a energia solar gerada durante o dia e utilizá-la à noite.
- Quando a energia armazenada se esgota, a rede é uma solução de reserva que permite aos consumidores desfrutar do melhor de ambos os mundos.

- O sistema híbrido é também capaz de carregar a bateria com uma energia barata e de baixo consumo.

5.3 Sistema Fora da Grade Solar PV

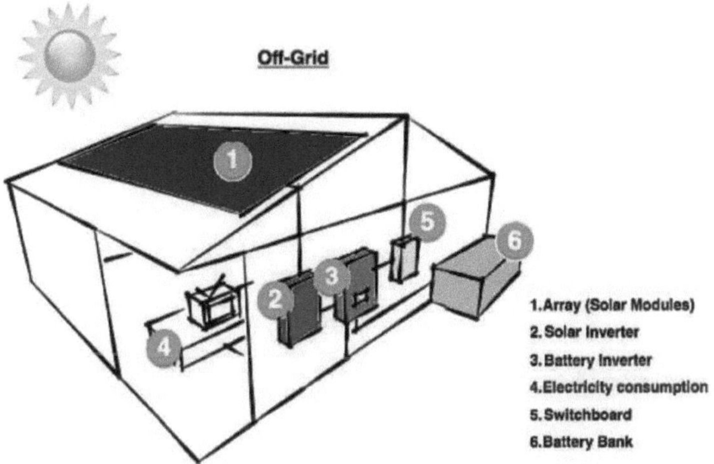

Fig.25: Esquema do sistema solar fotovoltaico fora da rede

- O sistema fora da rede não está ligado à rede e, portanto, requer armazenamento de bateria. O esquema do sistema solar fotovoltaico fora da rede é o mostrado na fig.25. Diagrama de blocos do sistema fotovoltaico solar fora da rede, tal como mostrado na fig.28.
- Os sistemas solares fora da rede devem ser concebidos para gerar energia suficiente durante todo o ano e ter capacidade de bateria suficiente para satisfazer as necessidades da casa, mesmo no

Inverno, quando o sol está baixo.

- O elevado custo das baterias e inversores significa que os sistemas fora da rede são muito mais caros do que os sistemas em rede, sendo por isso tipicamente necessários apenas nas áreas mais remotas e em qualquer uma das redes mais distantes.

- No entanto, os custos das baterias estão a diminuir rapidamente, pelo que mesmo nas áreas urbanas e urbanas, o mercado de sistemas de células solares fora da rede está a crescer.

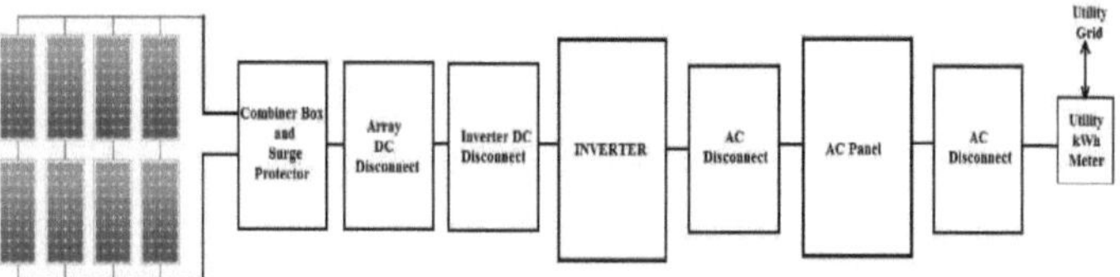

Fig.26: Diagrama de blocos do sistema solar fotovoltaico sem bateria

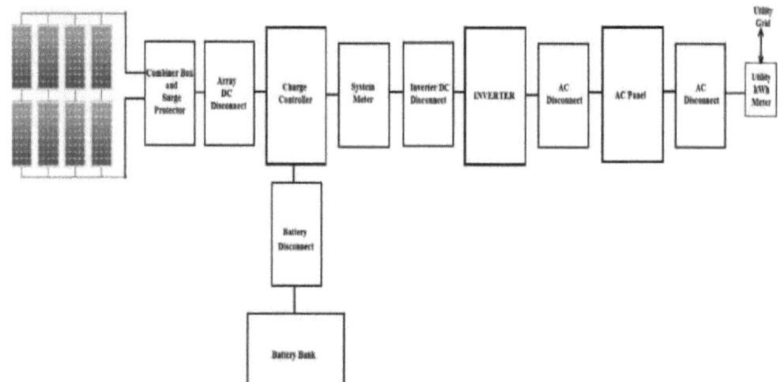

Fig.27: Diagrama de blocos do sistema solar fotovoltaico em rede com bateria de reserva

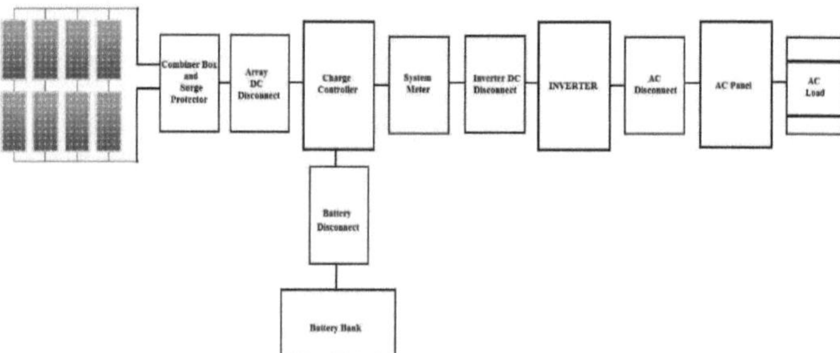

Fig.28: Diagrama de bloco do sistema solar fotovoltaico fora da rede (modo de ilha)

5.4 Vantagens do sistema solar fotovoltaico On Grid

a. Poupança de custos

- Uma ligação à rede permitirá poupar mais custos com painéis solares através de uma melhor eficiência, medição da rede, mais baixos custos de equipamento e instalação:

- As baterias, e outros equipamentos autónomos são necessários para um sistema solar totalmente funcional fora da rede e aumentam os custos, bem como a manutenção. Os sistemas solares ligados à rede são portanto geralmente mais baratos e mais simples de instalar.

- Os painéis solares produzem frequentemente mais electricidade do que a capacidade de consumo. Com a contagem da rede, o proprietário do sistema pode colocar este excesso de electricidade na rede de serviços públicos em vez de o armazenar ele próprio com baterias.

- Os contadores líquidos (ou esquemas tarifários de alimentação em alguns países) desempenham um papel importante na forma como a energia solar é incentivada. Sem o sistema solar fotovoltaico, os sistemas solares residenciais seriam muito menos viáveis financeiramente.

- Muitas empresas de serviços públicos estão empenhadas em comprar electricidade aos proprietários dos sistemas ao mesmo ritmo que eles próprios a vendem.

b. Sistema de Bateria Virtual Back-Up

- A electricidade tem de ser gasta em tempo real. Contudo, pode ser temporariamente armazenada como outras formas de energia (por exemplo, energia química em baterias). O armazenamento de energia vem normalmente com perdas significativas.

- A rede de energia eléctrica é também, em muitos aspectos, uma bateria, sem necessidade de manutenção ou substituições, e com taxas de eficiência muito melhores. Por outras palavras, mais electricidade (e mais dinheiro) vai para o desperdício com sistemas de baterias convencionais.

5.5 Partes do sistema solar fotovoltaico

a. Caixa Combinadora

Fig.29: Caixa Combinadora

- Os fios dos módulos ou cordas fotovoltaicos individuais são levados até à caixa combinadora, regularmente situada no telhado, como mostrado na fig.29.

- Estes fios podem ser condutores únicos com conectores que são pré-cablados nos módulos FV.

- O rendimento da caixa combinadora é um transportador de dois fios em canal maior. Uma caixa combinadora incorpora normalmente um fusível ou um disjuntor de bem-estar para cada cordão e pode incorporar um protector contra sobretensões.

b. Protector de surtos

- Os protectores de surtos ajudam a proteger a sua estrutura contra surtos de energia que podem acontecer se a estrutura PV ou os cabos eléctricos adjacentes forem atingidos por um raio. Um surto de energia é uma expansão total da tensão em relação à tensão nominal.

- Devido à instalação de dispositivos fotovoltaicos ter de ser concebida para estar totalmente exposta à luz solar, eles são altamente susceptíveis a raios.

- A produção de energia fotovoltaica está directamente relacionada com a sua superfície barrada, pelo que o impacto potencial dos raios aumenta com o tamanho do

  sistema.

- Os sistemas fotovoltaicos desacompanhados podem sofrer danos frequentes e graves nos componentes principais quando as condições de iluminação são frequentes.

- Isto resulta em custos significativos de reparações e substituições, falha do sistema e perda de rendimentos.

- Os dispositivos de protecção contra sobretensões (SPD) concebidos e concebidos à medida reduzem o impacto potencial de descargas atmosféricas quando utilizados com sistemas de protecção contra descargas atmosféricas de engenharia.

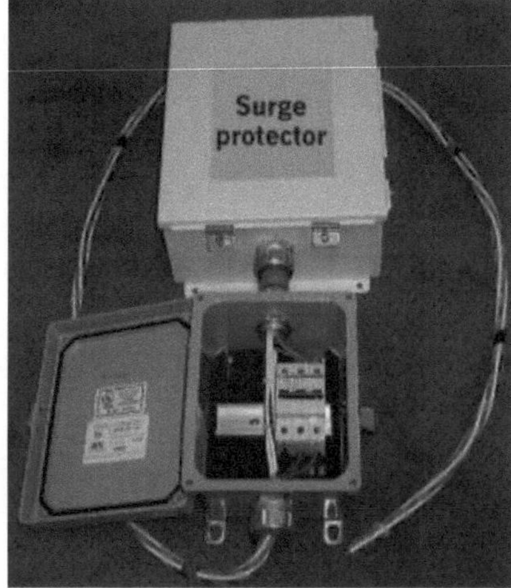

Fig.30: Protector de surtos

- Os sistemas de protecção contra raios incluem componentes básicos tais como um condutor adequado para baixo, um potencial igual de todos os componentes actuais e princípios adequados de ligação à terra para evitar impacto directo.

- Se houver alguma preocupação sobre o risco de relâmpagos no local fotovoltaico, recomenda-se vivamente dispositivos de protecção contra sobretensões (SPD), como mostrado na fig.30.

- É importante compreender a diferença entre os sistemas de protecção contra o raio e os sistemas SPD.

- O objectivo do sistema de protecção contra raios é atingir directamente as descargas atmosféricas através da transmissão de grandes correntes para o solo, poupando assim o caminho da estrutura e do equipamento ou expondo directamente à descarga.

- Os DPS são utilizados em sistemas eléctricos para fornecer uma trajectória de descarga aterrada para evitar a exposição de componentes destes sistemas a transientes de alta tensão causados por efeitos directos ou indirectos de impurezas ou sistemas de energia defeituosos.

- Mesmo com um sistema externo de protecção contra raios, sem equipamento SPD, os efeitos dos raios podem causar danos graves nos componentes.

- Em combinação com o sistema de protecção contra raios apropriado concebido, o equipamento SPD utilizado no sistema principal protege componentes chave tais como painéis fotovoltaicos, inversores, equipamento em caixas combinadas, dispositivos de medição, sistemas de controlo e sistemas de comunicação.

c. Medidores e Instrumentação

Essencialmente dois tipos de contadores são utilizados em sistemas fotovoltaicos:

- Medidor de Kilowatt-hora de utilidades

- Medidor do sistema

- **Utilitário Kilowatt-Hour Meter -**

Fig.31: Medidor de Utilidade Kwh

- O medidor de kWh de utilidade pública estima a energia transportada de ou para a rede, como mostrado na figura acima.31. Em casas com sistemas eléctricos de base solar, os serviços públicos introduzem normalmente contadores bidireccionais com um visor avançado.

que monitoriza a energia nas duas direcções.

- Algumas utilidades permitir-lhe-ão utilizar um contador habitual que pode voltar para trás. Para esta situação, o contador de utilidades vira-se para a frente quando está a retirar electricidade da rede e para trás quando o seu sistema está a alimentar a rede com electricidade.

- **Medidor do sistema**

Fig.32: Medidor do sistema

- O medidor do sistema mede e mostra o desempenho e estado do sistema como mostrado na fig.32. Os focos monitorizados podem incorporar produção de energia por módulos, electricidade utilizada, e carga de bateria.

- É concebível trabalhar um sistema sem um contador de sistema; no entanto, os contadores são inequivocamente sugeridos.

- Os controladores de carga avançados consolidam as capacidades de monitorização do sistema, pelo que pode não ser necessário um contador de sistema diferente.

c. Inversor Solar

Fig.33: Inversor solar

Os painéis solares criam electricidade CC que deve ser convertida em corrente alternada (CA) para utilização nas nossas casas e organizações. Esta é a função do inversor solar, como mostra a fig.33.

1. Os inversores lidam com quatro coisas essenciais de condicionamento de energia:
2. Conversão da energia DC proveniente dos módulos PV ou do banco de baterias em energia CA.
3. Assegurar que a frequência dos ciclos CA é de 50 ciclos por cada segundo
4. Reduzir a flutuação de tensão
5. Assegurar que o estado da onda AC é adequado para a aplicação, ou seja, uma onda sinusoidal pura para sistemas ligados à rede

d. Desconexões

- A segurança automática e manual desliga a cablagem e as peças contra picos de energia e outras avarias ou mau funcionamento do equipamento.

Garantem igualmente que o sistema pode ser desligado em segurança e que as peças do sistema podem ser evacuadas para manutenção e reparação.

Fig.34: Desconectar

- Para os sistemas associados à rede, as desconexões de segurança garantem que o equipamento de produção é desligado da rede, ou seja, o bem-estar do pessoal dos serviços públicos.
- Array DC Disconnect - A matriz DC disconnect, também chamada de PV disconnect, é utilizada para interferir com segurança com o fluxo de electricidade da matriz PV para manutenção ou resolução de problemas. As desconexões DC da matriz podem igualmente ter disjuntores ou fusíveis coordenados para garantir contra picos de energia.
- Inversor DC Disconnect - Juntamente com o inversor AC disconnect, o inversor DC disconnect é utilizado para desligar com segurança o inversor de qualquer resquício do sistema. A maior parte do tempo, o inversor DC dis...

A ligação irá igualmente preencher a matriz DC desligada.

- Inversor AC Disconnect - O inversor AC desconecta o sistema fotovoltaico tanto da cablagem eléctrica do edifício como da rede. Sempre que possível, a desconexão CA é introduzida no interior do painel eléctrico primário do edifício. Seja como for, se o inversor não estiver situado perto do painel eléctrico, uma desconexão CA extra deve ser introduzida perto do inversor.
- Desconexão DC da bateria - Num sistema baseado num leitor, a desconexão DC da bateria é

utilizada para desconectar com segurança o banco de baterias do que resta do sistema.

e. Banco de baterias

Fig.35: Banco de baterias

- As baterias armazenam energia eléctrica de corrente coordenada para utilização posterior. Este armazenamento de energia inclui algumas armadilhas significativas, seja como for, uma vez que as baterias diminuem a produtividade e o rendimento do sistema fotovoltaico, regularmente em cerca de 10% para as baterias de chumbo-ácido. As baterias também aumentam a imprevisibilidade e o custo do sistema. Fig.35 mostra o banco de baterias.

- Os tipos de baterias normalmente utilizados em sistemas fotovoltaicos são:

1. Baterias de chumbo ácido
2. Inundado (Líquido ventilado)
3. Selado (Ácido de chumbo com válvula regulada)
4. Tapete de vidro absorvente
5. Célula de gel
6. Pilhas alcalinas
7. Níquel-cádmio
8. Níquel-Iron

f. Controlador de Carga

Fig.36: Controlador de Carga

- Um controlador de carga, de vez em quando aludido como controlador fotovoltaico ou carregador de bateria, é apenas fundamental em sistemas com bateria de reserva, como mostrado na fig.36.

- A capacidade essencial de um controlador de carga é a de evitar a sobrecarga das baterias. A maioria também incorpora uma desconexão de baixa voltagem que evita a descarga excessiva das baterias.

- Além disso, os controladores de carga impedem a carga de drenar de volta aos módulos solares por volta da noite.

- Alguns controladores de carga avançados fundem o maior rastreamento de pontos de potência, o que melhora a saída da matriz fotovoltaica, expandindo a energia que produz.

Tipos de Controladores de Carga

Existem basicamente dois tipos de controladores: shunt e série.

- Um controlador de derivação contorna a corrente em torno de baterias completamente carregadas e através de um transístor de energia ou resistências onde a energia em abundância é transformada em calor. Os controladores de derivação são básicos e económicos, contudo, destinam-se a pequenos sistemas.

- Os controladores da série param o fluxo de corrente abrindo o circuito entre a bateria e a matriz PV. Os controladores de arranjo podem ser de um único estágio ou tipo de impulso. Os controladores de um único estágio são pequenos e económicos e têm uma capacidade de manuseamento de carga mais notável do que os controladores do tipo shunt-type.

Selecção de Controladores de Carga Dependentes de

- Tensão da matriz PV - A entrada da tensão DC do controlador deve corresponder à tensão nominal da matriz solar.
- Corrente da matriz PV - O controlador deve ser medido para lidar com a corrente mais extrema criada pela matriz PV.

5.6 Aplicações Sistema fotovoltaico solar:

- A primeira aplicação prática da energia fotovoltaica foi a alimentação de satélites em órbita e outras naves espaciais, mas hoje em dia a maioria dos módulos fotovoltaicos são utilizados para a produção de energia ligada à rede.
- Neste caso, é necessário um inversor para converter a corrente contínua em corrente alternada. Existe um mercado mais pequeno para energia fora da rede para habitações remotas, barcos, veículos recreativos, carros eléctricos, telefones de emergência à beira da estrada, detecção remota, e protecção catódica de condutas.

5.7 Vantagens do Sistema Solar Pv

- Os painéis fotovoltaicos dão energia limpa - eficiente. Em meio à produção de electricidade com painéis fotovoltaicos, não há fluxos prejudiciais de substâncias que empobrecem a camada de ozono, desta forma a energia solar fotovoltaica é convidativa para a terra.
- A energia solar será energia fornecida naturalmente - portanto, é gratuita.
- A energia solar pode ser tornada acessível em qualquer lugar onde haja luz solar
- A energia solar é particularmente adequada para sistemas de energia inteligentes com produção distribuída de energia - DPG é, de facto, a estrutura de produção de energia de ponta.
- O custo dos painéis solares está presentemente a diminuir rapidamente e é esperado para continuar a diminuir durante os anos seguintes - assim, os painéis solares fotovoltaicos têm na realidade um futuro extremamente encorajador, tanto por pouparem a razoabilidade como por serem de gestão natural.
- Os painéis fotovoltaicos, através da maravilha fotoeléctrica, fornecem electricidade de uma forma imediata
- Os custos de trabalho e de apoio aos painéis fotovoltaicos são vistos como baixos, relativamente irrelevantes, em contraste com as despesas de outros sistemas de energias renováveis
- Os painéis fotovoltaicos não têm partes mecanicamente móveis, excepto nos casos de bases mecânicas que se seguem ao sol; subsequentemente têm muito menos rupturas ou requerem menos manutenção do que outros sistemas de energia renovável (por exemplo, turbinas eólicas)
- Os painéis fotovoltaicos são absolutamente silenciosos, não dando qualquer clamor por qualquer trecho da imaginação; subsequentemente, são uma solução ideal para regiões urbanas e para

aplicações privadas.

5.8 Desvantagens do sistema solar fotovoltaico

- Como em todas as fontes de energia renováveis, não cintilando durante a noite, mas sim adicionalmente, entre o dia e a noite, pode haver um clima sombrio ou tempestuoso.

- Assim, a voar da energia solar torna os painéis de energia solar menos confiáveis uma resposta.

- Os painéis de energia solar requerem hardware extra (inversores) para mudar a electricidade directa (DC) para electricidade alternada (AC) com o objectivo final de ser utilizado na organização da energia.

- Para um fornecimento incessante de energia eléctrica, particularmente para as associações em permanência, os painéis fotovoltaicos requerem Inversores bem como baterias de capacidade; expandindo assim extensivamente o custo de especulação para os painéis fotovoltaicos

- No caso de estabelecimentos de painéis fotovoltaicos montados em terra, estes requerem geralmente extensos territórios para arranjo; na maioria das vezes, o espaço terrestre é submetido por este motivo durante um período de 15-20 anos - ou consideravelmente mais.

- Os níveis de eficiência dos painéis solares são geralmente baixos (entre 14%-25%), em contraste com os níveis de eficiência de outros sistemas de energias renováveis.

- Apesar do facto de os painéis fotovoltaicos não terem custos significativos de manutenção ou trabalho, são delicados e podem ser danificados de forma geralmente eficaz; os custos adicionais de protecção são desta forma de extrema importância para proteger uma especulação fotovoltaica.

CAPÍTULO 6

Central de energia de base bioquímica

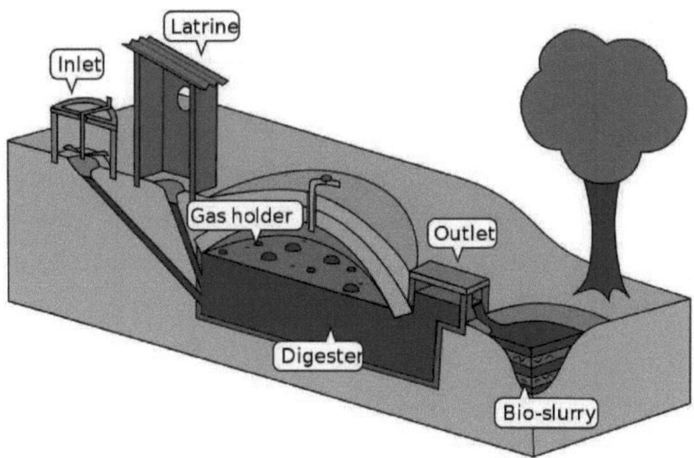

Fig.37: Esquema Geral da Planta de Biogás

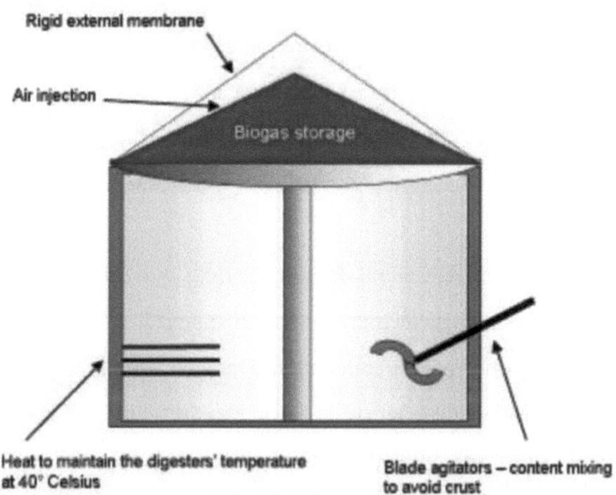

Fig.38: Digestor

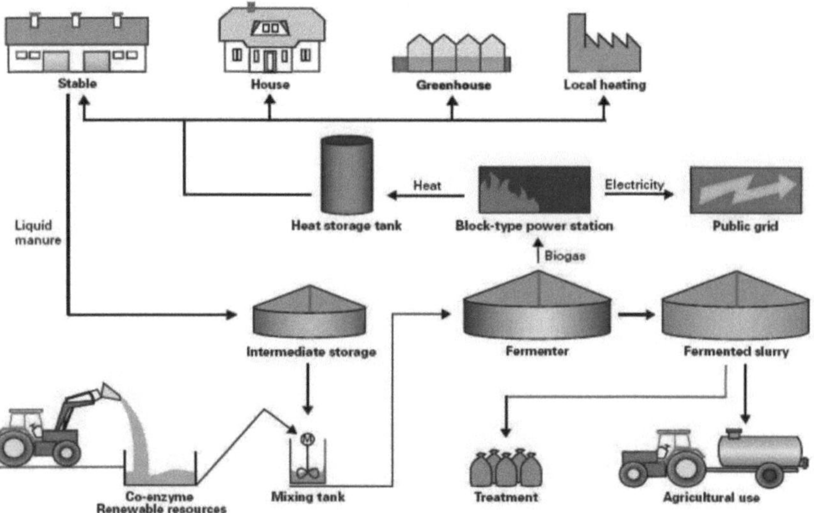

Fig.39: Processo em central eléctrica de base bioquímica (Biogás)

6.1 Funcionamento de uma central eléctrica de base bioquímica (Biogás)

* Resíduos naturais tais como resíduos agrícolas, estrume, resíduos municipais, material vegetal, esgotos, resíduos verdes ou resíduos alimentares degradam-se, provocando a criação de "gás de aterro", que contém um elevado nível de metano (cerca de metade).

* As plantas de biogás são o nome da digestão anaeróbia, que é principalmente utilizada para tratar os resíduos de culturas agrícolas. Pode ser produzido utilizando um dispositivo de digestão anaeróbia.

* Fig.37 mostra o Layout Geral da Central de Biogás e a fig.38 mostra a construção do Digestor e o processo da fig.39 em centrais eléctricas de base bioquímica.

* Estas plantas podem ser alimentadas com culturas energéticas, tais como silagem de milho ou resíduos biodegradáveis, incluindo lamas de depuração e resíduos alimentares.

* Estes resíduos são misturados periodicamente por unidades de mistura de dorso que são unidades de sapateado ou digestores incorporados.

* Fig.40 mostra o trabalho do digestor.

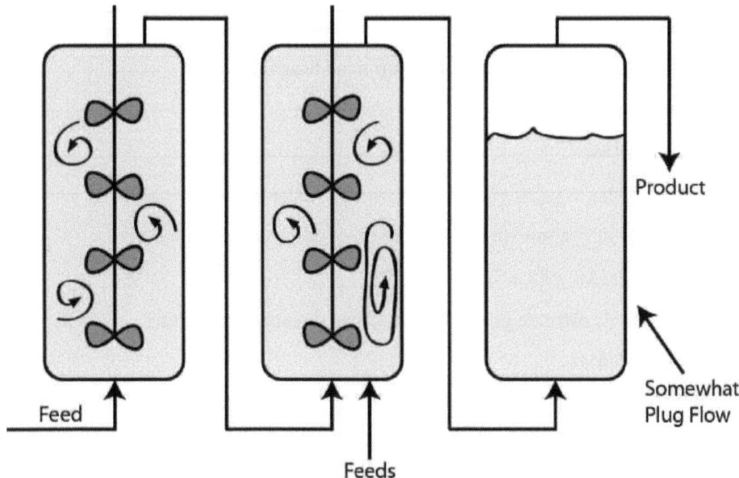

Fig.40: Trabalho do Digestor

- Neste processo, os microrganismos transformam resíduos de biomassa em biogás (principalmente metano e dióxido de carbono) e substâncias digeridas.

- Sem oxigénio (digestão anaeróbica), a questão natural é degradada a meio caminho pela actividade conjunta de alguns tipos de microrganismos.

- O digestor é um tanque sólido ou de aço que pode ser coberto ou não. Está hermeticamente fechado.

- Neste procedimento, os resíduos naturais são isolados e mantidos num suporte fechado (digestor de biogás).

- Os resíduos naturais aquecidos a 40 graus com o objectivo de que a digestão anaeróbia ocorra em condições ideais.

- No digestor, os resíduos segregados sofrem biodegradação na proximidade de micróbios metanogénicos e em condições anaeróbias, criando biogás rico em metano.

- O biogás pode ser utilizado quer para cozinhar/aquecimento, quer para criar energia de processo de pensamento ou electricidade através de motores duplos de combustível ou gás, turbinas a gás de baixo peso, ou turbinas a vapor.

- O lodo é a acumulação de lama da digestão anaeróbia, feita de matéria natural não biodegradável (lignina), de matéria mineral (azoto, fósforo) e de água. Esta lama processada é armazenada em fossas ou em secções sólidas.

- O lodo da digestão anaeróbia pode ser utilizado como um condicionador de sujidade ou composto. Pode mesmo ser vendido como adubo dependendo da sua composição, que depende principalmente da composição dos resíduos de entrada.

6.2 Vantagens da Central de Energia Bioquímica (Biogás)

Tem também outras vantagens:

a. Vantagens económicas:

- Rendimento adicional
- Autonomia no calor num contexto de aumento do custo das energias fósseis
- Diversificação das saídas para as culturas
- Redução da compra de estrume graças à valorização de lamas digeridas

b. Vantagens Agronómicas

- Transformação do estrume líquido e do estrume num fertilizante, mais facilmente assimilável pelas plantas, com redução dos odores e dos agentes causadores de doenças
- Processamento de resíduos orgânicos a preços competitivos
- Eliminação de insectos no poço de armazenamento
- Supressão de odores

c. Vantagens Ambientais

- O biogás resultante da digestão anaeróbica é uma fonte de energia renovável porque substitui a energia fóssil
- Redução da poluição devido à remoção de azoto.

6.3 Aplicações de centrais eléctricas de base bioquímica (Biogás)

- O biogás pode ser utilizado para produzir energia eléctrica em estações de tratamento de águas residuais também em motores a gás CHP, o calor residual pode ser utilizado adequadamente para aquecer a digestão, cozinhar, aquecer o local, aquecer água e aquecimento.
- Se comprimidos, podem ser utilizados em vez de GNC para veículos onde podem fornecer motores de combustão interna ou células de combustível e substituir o dióxido de carbono de forma mais eficiente do que a utilização normal de centrais de co-geração no local.

CAPÍTULO 7

Central termo-química

7.1 Introdução

- De acordo com estimativas superiores a 55 milhões de toneladas de Resíduos Sólidos Municipais são gerados anualmente na Índia; o incremento anual é avaliado em cerca de 5%.

- Avalia-se que os resíduos sólidos gerados em pequenas, médias e grandes áreas urbanas e cidades na Índia rondam os 0,1 kg, 0,3 - 0,4 kg e 0,5 kg por cada habitante, todos os dias, separadamente.

- O incremento anual avaliado na idade per capita de resíduos é de cerca de 1,33% todos os anos.

- Como indicado pelos medidores MNRE, existe uma capacidade de cerca de 1460 MW de RSU e 226 MW de esgotos.

- Em 37,0MW a partir de resíduos fluidos e 250,0MW a partir de resíduos sólidos é gerada electricidade.

- Existem dois tipos de centrais termo-químicas
  a. Combustão/Incineração directa
  b. Pirólise/Gasificação

7.2 Combustão/Incineração directa

- A figura 41 mostra o típico diagrama de blocos de Incentivo.

- A instalação típica de incineração de resíduos inclui as seguintes operações:
  a. Armazenamento de resíduos e preparação de alimentos.
  b. Combustão numa fornalha, produzindo gases quentes e um resíduo de cinzas de fundo para eliminação.
  c. Redução da temperatura, envolvendo frequentemente a recuperação de calor através da geração de vapor.
  d. Tratamento do gás refrigerado para remover poluentes atmosféricos, e eliminação de resíduos deste processo de tratamento.

- Dispersão do gás tratado para a atmosfera através de um ventilador e de uma pilha de gás induzido.

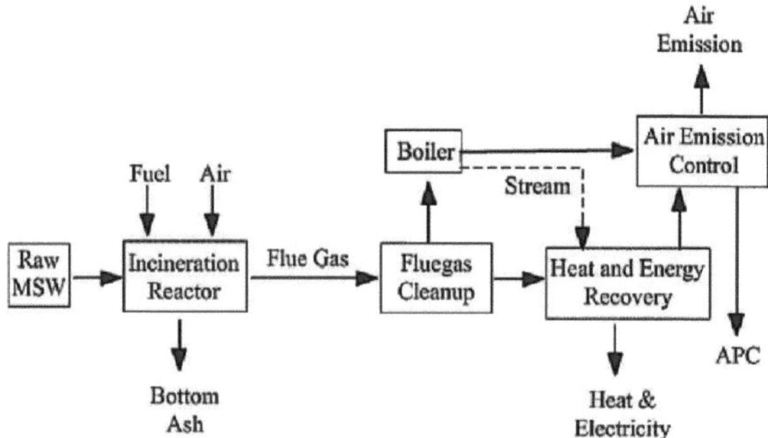

Fig.41: Diagrama típico de blocos de incentivo

- Neste procedimento, os resíduos são facilmente queimados na proximidade de ar em excesso (oxigénio) a altas temperaturas (cerca de 800°C), descarregando vitalidade térmica, gases inertes, e pó.

- Os resíduos são consistentemente sustentados no aquecedor por uma grua. Os resíduos são queimados no aquecedor a uma temperatura elevada durante mais de 2 segundos, onde o ar é constantemente fornecido para garantir a ignição final, prevenindo a dispersão do monóxido de carbono.

- Resultados de combustão em troca de 65%- 80% de substância quente da questão natural à vista, vapor, e água de alta temperatura.

- O vapor gerado que pode ser utilizado em turbinas de vapor para gerar energia.

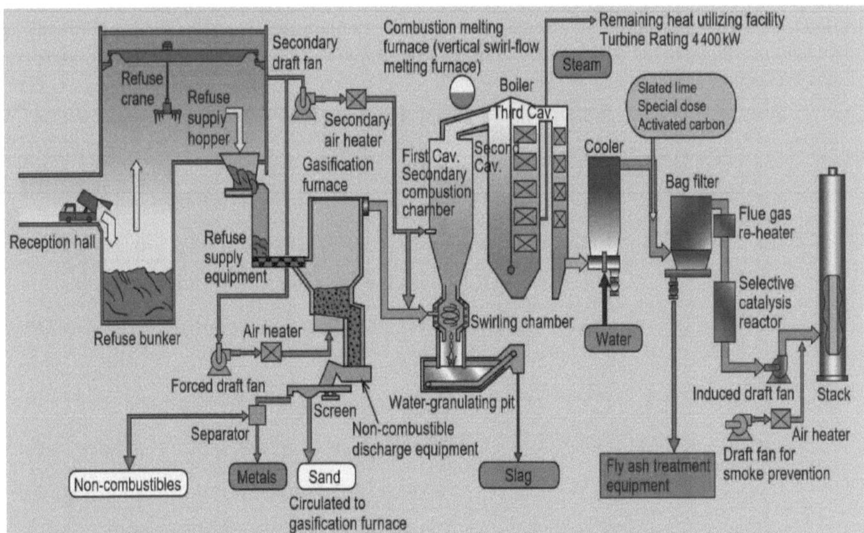

Fig.42: Fluxo da instalação de incineração de resíduos da Federação de Kushiro Wide Area

- Os gases de escape podem conter gases ácidos (óxidos de enxofre, cloreto de hidrogénio), metal avassalador, dioxinas, resíduos e partículas finas, e óxidos de azoto. O sistema de limpeza dos gases desta forma incorpora algumas fases para evacuar toda a contaminação concebível.

- Incineração de gases de combustão, cinzas volantes e cinzas de fundo com a vantagem essencial de uma diminuição generosa do peso (até 75%) e do volume (até 90%) dos resíduos

- Fig.42 mostra o fluxo da instalação de incineração de resíduos da Federação de Kushiro Wide Area.

- O quadro.3 mostra os resíduos comuns e o seu armazenamento, preparação de alimentos e práticas de alimentação em instalações de incineração de resíduos sólidos urbanos, resíduos perigosos, e resíduos médicos.

QUADRO 3: Armazenamento de Resíduos Comuns, Preparação de Alimentos e Práticas de Alimentação em Instalações de Incineração de Resíduos Sólidos Municipais, Resíduos Perigosos e Resíduos Médicos

Sr. No.	Waste	Storage	Feed Preparation	Feeding to Incinerator
	Municipal Solid Waste	•Pit •Tipping floor in piles	• Removal of over-size noncombustibles and special wastes (e.g., auto batteries) • In refuse-derived fuel plants, shredding, air classification, metals recovery	• Crane or bucket to vertical hopper/feedchute • Front-end loader to hopper/ram feeder • In refuse-derived fuel plants, by pneumatic conveyance
	Hazardous	•Tarped rolloff bin	• Screening for de-	• Drop chute with

	Waste Solids	•Drums	bris removal • Shredding • Decanting liquids from drums	double-gate air-lock • Ram feeder • Auger feeder
	Hazardous Waste Liquids	•Tanks, segregated by chemical compat-ibility, Drums	• Aqueous/organic phase separation • Blending of com-patibles • Preheating to re-duce viscosity • Solids filtration, usually in-line	Pump to burner or atomizing nozzle
	Medical Waste	•Red bags or punc-ture resistant boxes •Refrigerated room (Preferably)		• Manual (especially for smaller units) • Ram feeder

7.3 Vantagens da incineração

1. Após a conclusão do processo de incineração, a massa agregada do resto dos resíduos pode ser reduzida em até 85%, enquanto o seu volume pode recuar até 95%.

2. Pode ser utilizado para a criação de electricidade que pode ser dispersa na rede eléctrica.

3. O benefício extra favorável é que as instalações de incineração de resíduos podem estar situadas perto do local onde os resíduos são gerados, o que diminui os custos, a energia e os fluxos de saída relacionados com o transporte de resíduos.

4. Este sistema diminui a emissão de resíduos e é transformado em combustível.

7.4 Desvantagens da incineração

1. As instalações de incineração incrementam enormes despesas para a contemplação do local, subsídios, materiais de desenvolvimento, trabalho, e ajustamento das fundações locais (gi ving água, energia, rua chegar, e assim por diante).

2. O pavor da contaminação tóxica é uma das principais razões pelas quais os empreendimentos de incineração tendem a abrandar.

3. Algumas falhas na incineração garantem que a incineração finalmente energiza mais a criação de resíduos, uma vez que as incineradoras requerem grandes volumes de resíduos para manter o fogo a consumir, e os peritos próximos podem decidir sobre a incineração em detrimento da reutilização e diminuição dos resíduos.

7.5 Gasificação

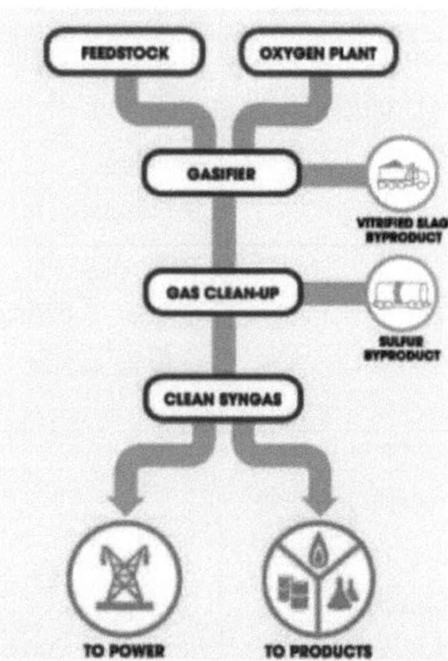

Fig.43: Diagrama do processo de gaseificação

O tratamento térmico de resíduos é apenas uma parte de uma gestão integrada de resíduos. O tratamento térmico pode desempenhar uma série de funções importantes num sistema integrado de gestão de resíduos. Fig.43 mostra o diagrama do processo de gaseificação.

O tratamento térmico pode:

(a) reduzir o volume de resíduos, preservando assim o espaço dos aterros (o tratamento térmico não substitui a necessidade de aterros, uma vez que vários resíduos ainda precisam de ser eliminados)

(b) Permitir a recuperação de energia de um fluxo de resíduos sólidos que não queira ser depositado em aterro

(c) permitir a recuperação dos minerais e produtos químicos do fluxo de resíduos sólidos, que podem ser reutilizados ou reciclados;

(d) destruindo uma variedade de contaminantes que podem estar presentes no fluxo de resíduos

(e) Pode muitas vezes reduzir a necessidade de manipulação excessiva de resíduos.

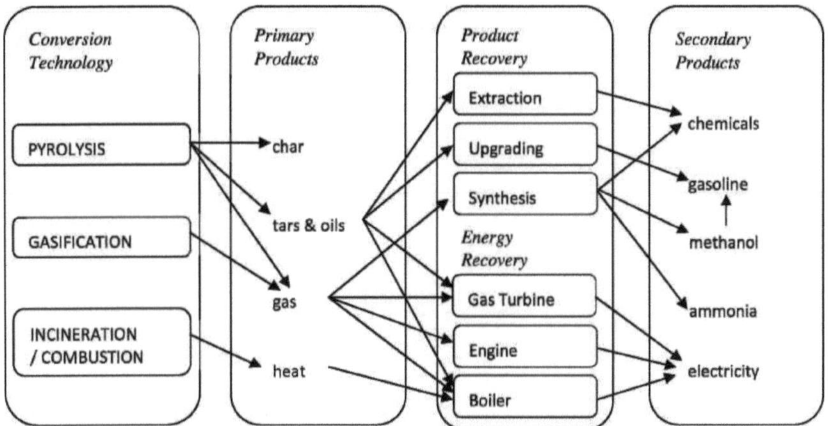

Fig. 44: Processos de Conversão Termoquímica e Produtos (Actualizado de Bridgwater, 1995)

- Na maioria das jurisdições, o tratamento de resíduos térmicos é aplicado para gerir o fluxo de resíduos remanescentes após o desvio da fonte separada por materiais recicláveis e materiais orgânicos.

- O tratamento térmico dos RSU tem uma série de tecnologias para extrair energia dos resíduos, reduzindo o seu volume e tornando a fracção remanescente principalmente inerte.

- Fig.44 mostra processos e produtos de conversão termoquímica. Estas tecnologias podem ser geralmente agrupadas em duas categorias principais:

    o Tratamento térmico de combustão convencional.

    o Tratamento térmico avançado de combustão.

7.5 Processo de gaseificação

- As tecnologias convencionais de combustão incluem a incineração e a incineração em massa de leito fluidizado, entre outras.

- Fig.45 mostra o processo de gaseificação.

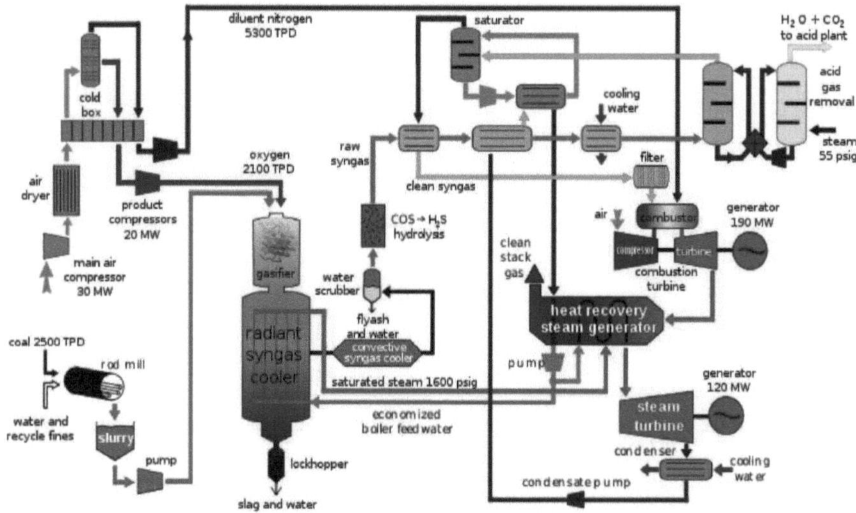

Fig.45: Processo de gaseificação

- A incineração é o tipo de tecnologia mais comum utilizada em todo o mundo. A incineração é um processo de destruição térmica de resíduos a altas temperaturas, em torno de 900-1,200°C com residência controlada no tempo, o processo é feito através de uma decomposição térmica por oxidação a altas temperaturas, onde uma parcela orgânica do terreno é convertida em gás e outra porção é convertida em sólido.

- Esta prática ajuda a reduzir o volume, peso e materiais perigosos destinados a este tratamento.

- As tecnologias avançadas de tratamento térmico incluem a gaseificação, pirólise e gaseificação de plasma.

- Estas tecnologias tendem a ser menos comprovadas a uma escala comercial e envolvem processos tecnológicos mais complexos.

- A gaseificação é o aquecimento de resíduos orgânicos (RSU) para produzir um gás combustível

- (syngas), que consiste numa mistura principalmente de H2 e CO, juntamente com pequenas quantidades de CH4, N2, CO2 e H2O.

- O gás de síntese produzido pode então ser utilizado no local ou fora do local ou numa segunda fase de combustão de calor ou electricidade para gerar calor; os gasificadores são concebidos principalmente para produzir gás de síntese útil.

- A eficiência eléctrica do gás de síntese na turbina a vapor é de 15-24%, 2030%, em turbinas a gás e combustão em motores de 14-26%.

- Existem três tecnologias principais de gaseificação que podem ser utilizadas para tratar materiais residuais, incluindo leito fixo, gaseificação em leito fluidizado e tipos de alta temperatura.

- A gaseificação é utilizada há mais de 100 anos na produção de combustíveis e produtos químicos, mas com pouco sucesso devido à disponibilidade de combustíveis fósseis e outras formas de geração de energia, bem como ao insuficiente desenvolvimento tecnológico.

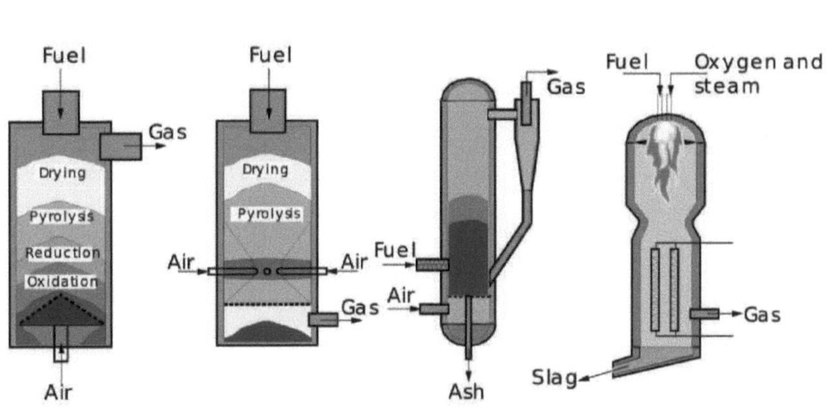

Fig.46: Funcionamento de vários gaseificadores

- Durante a Segunda Guerra Mundial foram construídos cerca de um milhão de gasificadores para utilização no sector civil, no sector militar como em toda a gasolina utilizada. A partir dos anos 80, foi renovado o interesse mundial pela gaseificação.

- A pirólise é um procedimento de desintegração da mistura da questão natural conseguida pelo calor.

- Neste procedimento, o material natural é aquecido normalmente a mais de 650 °C sem ar até ao ponto em que as moléculas se separam termicamente para acabar num gás envolvendo moléculas mais pequenas (referidas a todas as coisas consideradas como syngas).

- O principal resultado da gaseificação é o gás bruto, que contém monóxido de carbono, hidrogénio e metano, dióxido de carbono, H_2O, cinzas, hidrocarbonetos e influências poluentes de gases inorgânicos, por exemplo, HCN, H_2S, COS e NH_3.

- O poder calorífico da rede de gás (NCV) situa-se geralmente entre 4 - 10 MJ/Nm3

- A gaseificação é conduzida utilizando hardware conhecido como "Gasificador".

- O gás bruto após o gaseificador deve ser limpo à luz do facto de que contém contaminações.

Dependendo da matéria-prima, pode conter gás corrosivo (por exemplo enxofre, azoto), emissão de partículas, alcatrão e cetera.

- O gás bruto pode ser queimado para fornecer electricidade ou manuseado para fazer sintéticos, adubos, fluidos energizados, gás natural substituto (SNG), ou hidrogénio.

- Fig.46 mostra o funcionamento de vários gaseificadores. A tabela.4 mostra a diferença entre a tecnologia de gaseificação e a incineração para o tratamento de RSU.

Quadro 4: Diferença entre a tecnologia de gaseificação e a incineração para o tratamento de RSU

Parameter considered	Gasification technology	Incineration
Feedstock flexibilities	Ability to mix raw materials, such as MSW, industrial waste, commercial and industrial waste, hazardous waste, tires, other biomass (such as wood waste)	MSW and other waste streams common
Main product	Synthesis gas (carbon monoxide and hydrogen)	Ash
Other possible products	Replacement fuel for natural gas and fuel oil. Supply via alternative or combined cycle engines. Power via fuel cells (future) Steam process Compounds of fertilizer	Power over rankin cycle (steam cycle). Process steam
The overall efficiency of the plant	Combined cycle process: 1 ton of municipal solid waste is capable of creating 1,000 kWh of	Steam cycle process: 1 ton of MSW generates between 500-650 kWh

	energy by setting combined cycle.	of energy.
Emissions	Nitrogen oxide (NO_x): < 36 ppm Sulfur dioxide (SO_2) < 1.05 ppm Mercury (Hg): < 1.4 ug/DSCM²	Nitrogen oxide (NO_x): 110-205 ppm Sulfur dioxide (SO_2): 26-29 ppm Mercury (Hg): 28-80 mg/DSCM ²
Dioxins and furans	Operating temperature (> 1,000°C) together with an atmosphere of oxygen deprivation destroys any dioxins/furans which may be present in the feedstock, and eliminates the potential for the creation of dioxins/furans. Syngas rapid cooling by water quench prevents the de novo synthesis of dioxins and furans.	The presence of oxygen, chlorine and particles creates the ideal conditions for the formation of dioxins and furans.
Other waste treatment	Inert, non-hazardous and non-leaching slag glass salable product as a construction aggregate, the majority of the particles recovered during the cleaning of the synthesis gas is recycled.	Ash, volatile and hazardous waste cannot be availed

7.6 Vantagens da gaseificação

1. O controlo das emissões é mais simples na gaseificação do que na combustão porque o gás de síntese produzido na gaseificação está a uma temperatura e pressão mais elevadas do que os gases de escape produzidos na combustão.

2. O potencial de utilização de mais do que uma matéria-prima numa única instalação reduz o risco do projecto e pode prolongar a vida útil do projecto.

3. A gaseificação pode ser acoplada com tecnologia avançada de turbinas para produzir electricidade

4. mais eficiente do que uma central de combustão de carvão pulverizado

7.7 Desvantagens da gaseificação

1. custos de capital elevados

2. requer desenhos de turbinas muito específicos

3. mais Integração

4. o processo de licenciamento e licença é muito mais complexo

CAPÍTULO 8

Central eléctrica de base agroquímica

8.1   Introdução

- Definição - O biodiesel é um combustível alternativo semelhante ao diesel convencional ou 'fóssil'. O biodiesel pode ser produzido a partir de óleo vegetal directo, óleo/gorduras animais, sebo e óleos alimentares residuais.

- O processo utilizado para converter estes óleos em Biodiesel chama-se transesterificação. Este processo é descrito em mais detalhe abaixo.

- A maior fonte possível de óleo adequado provém de culturas oleaginosas como a colza, a palma ou a soja.

- A maior parte do biodiesel produzido actualmente é produzido a partir de óleo vegetal residual proveniente de restaurantes, lojas de chips, produtores de alimentos industriais, tais como Birdseye, etc.

- Embora o petróleo directamente da indústria agrícola represente a maior fonte potencial, não está a ser produzido comercialmente simplesmente porque o petróleo bruto é demasiado caro.

- Após o custo da sua conversão em biodiesel ter sido adicionado, é simplesmente demasiado caro para competir com o diesel fóssil.

- O óleo vegetal usado pode muitas vezes ser obtido gratuitamente ou já tratado por um preço pequeno. (O óleo usado deve ser tratado antes da conversão em biodiesel para remover as impurezas).

- As principais fontes de matéria-prima (matéria-prima) para a produção de biodiesel nos Estados Unidos da América e a sua quota no total das matérias-primas para biodiesel em 2017 foram
    - o Óleo de soja-52%
    - o Óleo de canola-13%
    - o Óleo de milho-13%
    - o Matérias-primas recicladas, tais como óleos alimentares usados e gorduras amarelas - 12%
    - o Gorduras animais-10%

- O óleo de colza, óleo de girassol e óleo de palma são as principais matérias-primas para o biodiesel produzido noutros países.

- O biodiesel é mais frequentemente misturado com diesel de petróleo em proporções de 2% (referido como B2), 5% (B5), ou 20% (B20).

- O biodiesel também pode ser utilizado como biodiesel puro (B100). Os combustíveis biodiesel podem ser utilizados em motores diesel normais sem fazer quaisquer alterações nos motores.

- As misturas de biodiesel são também utilizadas como óleo de aquecimento. O biodiesel pode ser armazenado e transportado utilizando tanques e equipamento de combustível diesel de petróleo.

- O biodiesel é um combustível renovável e biodegradável que pode ser fabricado domesticamente a partir de óleos vegetais, gorduras animais, ou gordura de restaurante reciclada. É um substituto mais limpo para o gasóleo de petróleo.

- Os biocombustíveis são combustíveis combustíveis criados a partir de biomassa; por outras palavras, combustíveis criados a partir de matéria vegetal viva recentemente em hidrocarbonetos.

- O termo biocombustível é normalmente utilizado para referir combustíveis líquidos, tais como etanol e biodiesel que são utilizados como substitutos de combustíveis de transporte como petróleo, gasóleo e combustível de aviação.

- Os biocombustíveis também podem incluir combustíveis sólidos como granulados de madeira e biogás ou syngas - no entanto, neste resumo centrar-nos-emos nos combustíveis líquidos.

- A figura 47 mostra o processo de produção de biodiesel em que a "Transesterificação" é o processo central.

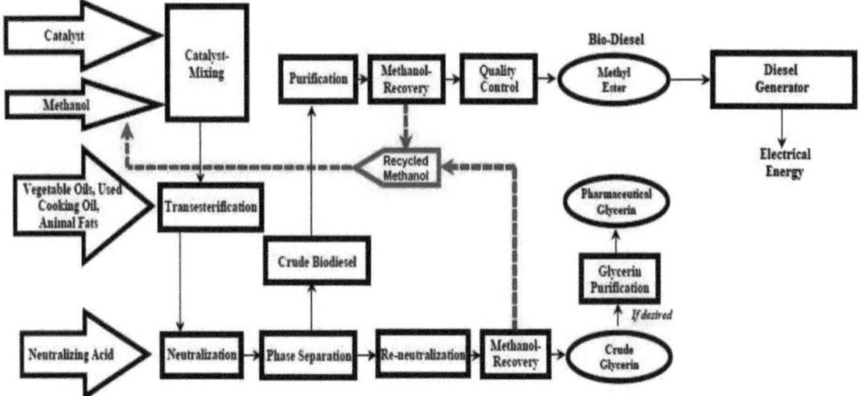

Fig.47: Processo de Produção de Biodiesel

- A reacção de transesterificação é a reacção dos triglicéridos (gorduras/óleos) com álcoois para formar ésteres e glicerol.

- O glicerídeo contém uma molécula de glicerol como base e três ácidos gordos de cadeia longa estão ligados a ela.

- As propriedades da gordura dependem da natureza do ácido gordo ligado ao glicerol. Por sua vez, a natureza dos ácidos gordos afecta as propriedades do biodiesel.

- Durante o processo de esterificação, o triglicérido interage com o álcool na presença de um catalisador que é geralmente tão fortemente alcalino como o hidróxido de sódio.

- O álcool reage com ácidos gordos para formar ésteres cristalinos únicos, biodiesel e glicerol bruto.

- O álcool é utilizado na maior parte da produção de metanol ou etanol (o metanol produz éster metílico e etanol para produzir éster etílico) e estimula uma base constituída por hidróxido de potássio ou hidróxido de sódio.

- O hidróxido de potássio foi considerado mais adequado para a produção de combustíveis biodiesel como ésteres etílicos e pode ser utilizado em qualquer base de ésteres metílicos.

- Uma alternativa comum é o éster metílico de colza (RME), um produto petrolífero bruto de colza que interage com o metanol, como indicado abaixo.

$$CH_2O-\overset{O}{\overset{\|}{C}}-R$$
$$CH-O-\overset{O}{\overset{\|}{C}}-R \ + CH_3OH \ \xrightarrow[\text{Catalyst}]{OH^-} \ 3CH_3O-\overset{O}{\overset{\|}{C}}-R \ + \ CH_2OH$$
$$CH_2O-\overset{O}{\overset{\|}{C}}-R$$

Glyceride — Alcohol — Catalyst — Esters — CH—OH / CH₂OH Glycerol

- Existem dois tipos fundamentais de biocombustíveis - o etanol e o biodiesel. A abordagem menos complexa para reconhecer os dois é recordar que o etanol é um álcool e o biodiesel é petróleo.

- O etanol é um álcool formado pelo envelhecimento e pode ser utilizado como substituto ou substância adicionada à gasolina, embora o biodiesel seja criado pela extricat ing óleos naturais de plantas e sementes, num procedimento chamado "Transesterificação".

- Transesterificação: álcool + éster diverso + éster distinto

- O biodiesel pode ser queimado em motores diesel.

- Os biocombustíveis são montados por classes - primeira geração, segunda geração, e terceira geração - tendo em conta o tipo de matéria-prima (o material de informação) utilizado para a sua entrega.

- Os biocombustíveis de primeira geração são fornecidos a partir de culturas alimentares. Para o etanol, as matérias-primas alimentares incorporam bastão de açúcar, milho, milho, e assim por diante. Para o biodiesel, as matérias-primas estão naturalmente a acontecer óleos vegetais, por exemplo, soja e canola.

- Os biocombustíveis de segunda geração são criados a partir de material celulósico, por exemplo, madeira, gramíneas e partes inapetentes de plantas. Este material é mais difícil de separar através da maturação e, portanto, requer pré-tratamento antes de poder ser manuseado muito bem.

- Os biocombustíveis de terceira geração são criados utilizando a geração lipídica a partir de algas.

* 1 galão de biodiesel tem 93% da energia de 1 galão de gasóleo e 1 galão de etanol (E85) tem 73% da energia de 1 galão de gasolina.

* O biodiesel é um combustível renovável feito a partir de óleos vegetais, gorduras animais, e óleos alimentares reutilizados.

8.2   Processo de Produção de Biodiesel *a. Álcool misturado e catalisador*

* O catalisador é geralmente hidróxido de sódio (soda cáustica) ou hidróxido de potássio (base potássica). Dissolve-se em álcool usando um misturador ou liquidificador. reacção. A mistura álcool / catalisador é então carregada no recipiente de reacção fechado e é adicionado óleo ou gordura.

* O sistema é colocado aqui completamente na atmosfera para evitar a perda de álcool. A mistura de reacção é mantida acima do ponto de ebulição do álcool
(cerca de 160°F) para acelerar a reacção e interacção.

* O tempo de reacção recomendado é de 1 a 8 horas, e alguns sistemas recomendam a interacção à temperatura ambiente.

* O excesso de álcool é normalmente utilizado para assegurar a conversão completa de gordura ou óleo em éster.

* Ter o cuidado de controlar a quantidade de água e ácidos gordos livres no óleo ou na gordura

contida. Se o nível de ácidos gordos livres ou de água for muito elevado, pode causar problemas na composição do sabão e na separação dos subprodutos do glicerol.

b. *Separação*

- Uma vez concluída a reacção, existem dois produtos principais: glicerina e biodiesel. Ambos contêm um grande excedente de metanol para reactividade. Se necessário, a mistura de reacção é, por vezes, neutralizada nesta etapa.

- A glicerina contém uma densidade muito mais elevada do que a fase de biodiesel, podendo ambas separar a gravidade da glicerina, que é simplesmente puxada do fundo do pote de decantação. Em alguns casos, as centrífugas são utilizadas para separar substâncias mais rapidamente.

c. *Retirar o álcool*

- Uma vez separadas as fases de glicerol e biodiesel, o excesso de álcool é removido em cada fase por evaporação ou destilação instantânea.

- Noutros sistemas, o álcool é removido e a mistura é neutralizada antes de se separar glicerol e éster.

- Em ambos os casos, o equipamento de destilação é utilizado para restaurar e reutilizar o álcool. Deve ter-se o cuidado de assegurar que a água não seja recolhida na corrente de álcool recuperada.

d. *Neutralização da glicerina*

- O produto de glicerol secundário contém um catalisador não utilizado e sabão que é neutralizado com ácido e um glicerol bruto armazenado. Em alguns casos, o sal que

é formado nesta fase é recuperado para ser utilizado como fertilizante.

- Na maioria dos casos, o sal permanece em glicerol. Água e álcool são removidos para produzir 80-88% de glicerol puro, que está pronto para venda como glicerol bruto.

- Em processos mais complexos, o glicerol é destilado a 99% ou mais de pureza e vendido para os mercados cosmético e farmacêutico.

e. *Lavar o éster metílico*

- Uma vez separado o glicerol, o biodiesel é por vezes removido por lavagem suave com água quente para remover o restante catalisador ou sabão, secando-o e enviando-o para armazenamento.

- Este passo não é necessário para algumas operações. Normalmente, este é o fim do processo de produção, resultando num líquido transparente de cor âmbar com uma viscosidade semelhante ao óleo diesel.

- Em alguns sistemas, o biodiesel é destilado numa etapa separada para remover um pequeno número de objectos coloridos a fim de produzir biodiesel incolor.

f. Qualidade do produto

- Antes de ser utilizado como combustível comercial, o biodiesel final deve ser analisado utilizando equipamento analítico avançado para garantir que cumpre todas as especificações exigidas.
- Os aspectos mais importantes para assegurar o funcionamento dos motores diesel sem problemas na produção de biodiesel são:
  - o Completar a interacção
  - o Remoção de glicerina
  - o Remover o catalisador
  - o Retirar o álcool
  - o Sem ácidos gordos livres

8.2 Aplicações de Biomassa B, Biogás e Biocombustível

- A biomassa sólida, por exemplo, madeira e resíduos de lixo, pode ser queimada especificamente para fornecer calor. A biomassa pode igualmente ser transformada num gás chamado biogás ou em biocombustíveis fluidos, por exemplo, etanol e biodiesel. Estes enchimentos poderiam então ser queimados para fornecer energia.
- O etanol é produzido utilizando colheitas, por exemplo, milho e cana-de-açúcar que são envelhecidas para fornecer etanol combustível para utilização em veículos. O biodiesel é criado a partir de óleos vegetais e gorduras de criaturas e pode ser utilizado em veículos e como óleo de aquecimento.
- Ao pré-misturar o carvão com matéria-prima de biomassa sólida, outro tipo de combustível pode ser fornecido para consumo nas caldeiras a carvão existentes. Este combustível pode diminuir a dependência das plantas em relação a fontes de energia não renováveis apenas, diminuindo o seu conteúdo de escória residual e as descargas nocivas de enxofre e de carbono CO2.

- Tanto a biomassa dedicada como as centrais eléctricas de co-terminagem de biomassa são utilizadas na criação de electricidade, sendo a co-terminagem de biomassa em grande escala uma das mais produtivas e práticas para a produção de electricidade a partir de fontes renováveis. O ponto de vista fundamental preferido das centrais eléctricas de co-terminagem de biomassa é que a biomassa é significativamente menos cara do que o carvão, pelo que a co-terminagem é menos cara do que o consumo de carvão, por assim dizer.

- A co-terminagem da biomassa para a era da electricidade pode igualmente dar material bruto por diferentes empreendimentos, por exemplo, serviço de guarda-florestal, artigos de madeira, mosto e papel, agronegócio, e preparação de alimentos, e assim por diante. A despesa das potências de biomassa preparadas pode ser baixa quando se tem acesso a muita madeira e resíduos agrícolas.

- A energia do biogás oferece numerosas circunstâncias favoráveis sobre um gás natural tradicional. As centrais eléctricas alimentadas a biogás podem ser fabricadas rapidamente, essencialmente, e por muito menos dinheiro por quilowatt do que as centrais a carvão, petróleo, ou atómicas. Ao contrário dos derivados do petróleo, o "Biogás" é um bem renovável. O biogás dá uma magnífica fonte de energia que é útil à natureza. Finalmente, a acumulação que resta do consumo de Biogás, chamada lama accionada, pode ser seca e utilizada na terra como composto.

- O transporte também requer combustível, e o etanol pode ser utilizado para abastecer ou expandir a gasolina como uma fonte crítica de combustível para automóveis. O etanol utilizado como combustível consome de forma mais limpa do que a gasolina, proporcionando desta forma menos contaminação e descargas. O biodiesel é outro tipo de biocombustível fluido que pode ser utilizado como opção, em contraste com o gasóleo para a produção interna de motor de combustão.

8.3   Vantagens da central eléctrica de base agroquímica (Biodiesel)

1. É renovável.

2. É eficiente do ponto de vista energético.

3. Desloca o combustível diesel derivado do petróleo.

4. Pode ser utilizado na maioria dos equipamentos diesel sem ou apenas com pequenas modificações.

5. Pode reduzir as emissões de gases de aquecimento global.

6. Pode reduzir as emissões do tubo de escape, incluindo os tóxicos do ar.

7. É atóxico, biodegradável, e adequado para ambientes sensíveis.

8. Pode ser feito a partir de recursos agrícolas ou reciclados.

8.5 Desvantagens da central eléctrica de base agroquímica (Biodiesel)

1. Variação na Qualidade do Biodiesel

2. Não Apropriado para uso em Baixas Temperaturas especialmente em meses mais frios.

3. Cultivam-se mais culturas para produzir biocombustíveis, utiliza-se mais fertilizantes que podem ter um efeito devastador no ambiente.

4. A utilização de água para produzir mais culturas pode exercer pressão sobre os recursos hídricos locais.

5. O biodiesel tem cerca de 10% mais óxido de nitrogénio (NOX) do que outros produtos petrolíferos. O óxido de nitrogénio é um dos gases que é utilizado na formação de smog e ozono.

6. Uma vez dissolvido o óxido de nitrogénio na humidade atmosférica, pode causar chuva ácida.

8.6 Características da Biomassa Sólida, Líquida e Gasosa como Combustível para Centrais de Biomassa

1. Valores caloríficos elevados são benéficos para a obtenção de conversões de gás.

2. Deve estar seco com muito pouca humidade.

3. A temperatura de ignição deve ser baixa para que o processo se torne eficaz.

4. A biomassa está próxima do projecto para que possa ser facilmente transportada para reduzir os custos de transporte.

5. Deve ser capaz de produzir uma grande quantidade de energia térmica.

6. Não deve produzir uma situação prejudicial/perigosa após a combustão.

8.7 Vantagens dos Combustíveis de Biomassa

1. Pode ser utilizado para produzir outra forma de energia, isto é, calor, gás, electricidade.

2. Esta é uma fonte de energia neutra em carbono e sustentável.

3. Os combustíveis de biomassa gasosa podem ser substitutos do gás natural.

4. O combustível líquido, ou seja, o biodiesel pode ser um substituto da gasolina ou do gasóleo.

5. A energia assim obtida como biogás é uma fonte renovável de energia.

yes
I want morebooks!

Buy your books fast and straightforward online - at one of world's fastest growing online book stores! Environmentally sound due to Print-on-Demand technologies.

Buy your books online at
www.morebooks.shop

Compre os seus livros mais rápido e diretamente na internet, em uma das livrarias on-line com o maior crescimento no mundo! Produção que protege o meio ambiente através das tecnologias de impressão sob demanda.

Compre os seus livros on-line em
www.morebooks.shop

Printed by Books on Demand GmbH, Norderstedt / Germany